「ざんねんないきもの」とは
一生けんめいなのに、
[illegible]かざんねんな
い[illegible]もの達のことである。

はじめに

本書をお手にとっていただき、ありがとうございます。
みなさまのおかげで、『ざんねんないきもの事典』シリーズも
9冊目をむかえることができました。
この場をかりて、感謝申し上げます。

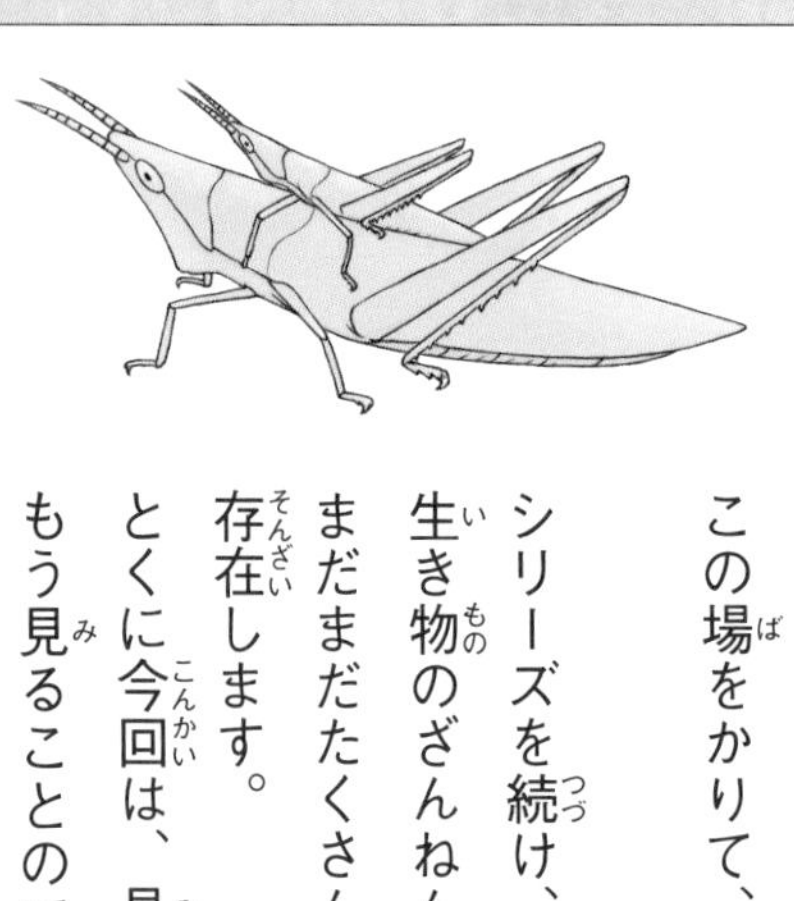

シリーズを続け、800種類以上の
生き物のざんねんな一面をご紹介してきましたが、
まだまだたくさんの、おもしろい生態をもつ生き物たちが
存在します。
とくに今回は、見たことがないざんねんな生態から、
もう見ることのできない、いなくなったざんねんな生き物たち

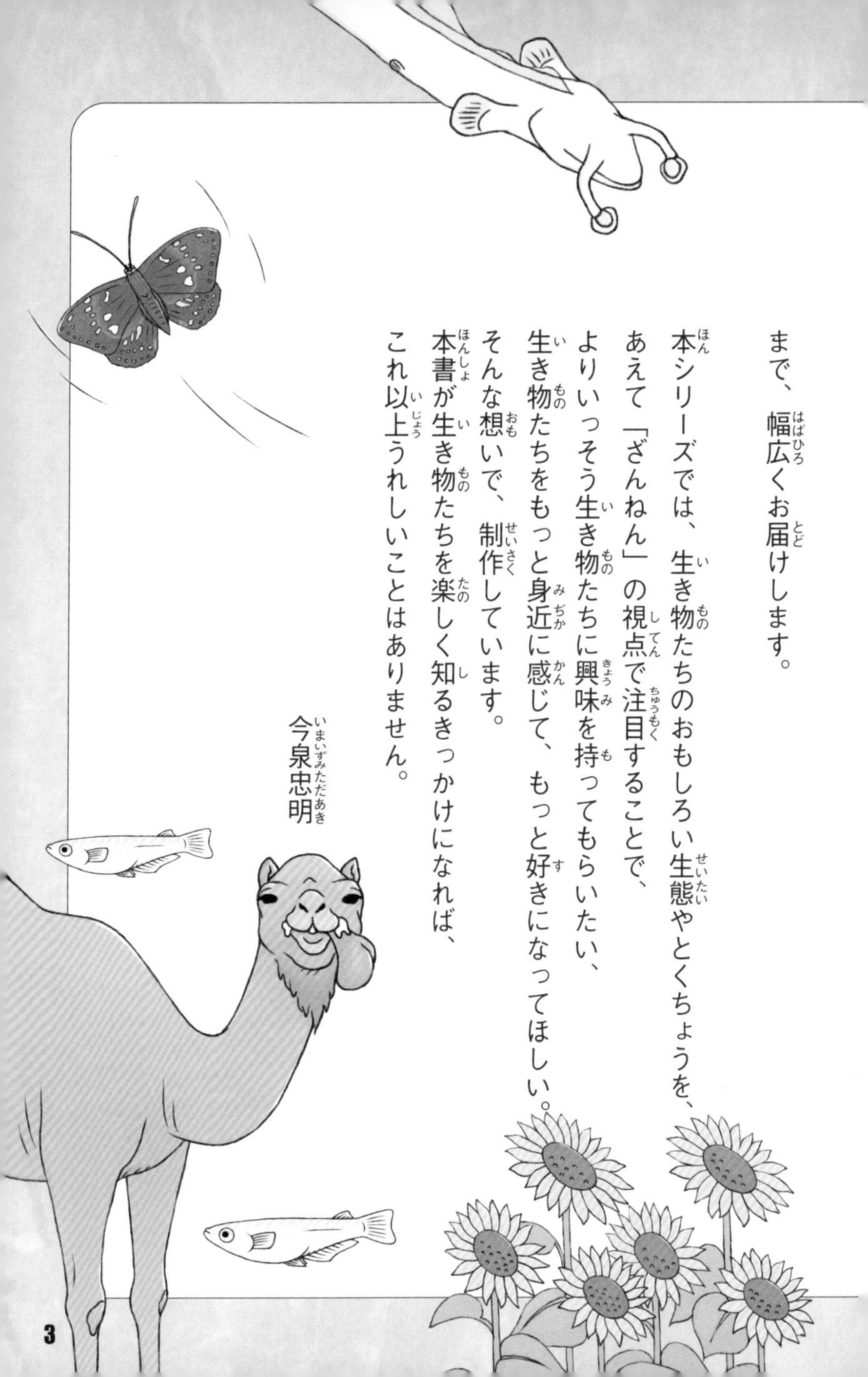

まで、幅広くお届けします。
本シリーズでは、生き物たちのおもしろい生態やとくちょうを、あえて「ざんねん」の視点で注目することで、よりいっそう生き物たちに興味を持ってもらいたい、生き物たちをもっと身近に感じて、もっと好きになってほしい。そんな想いで、制作しています。
本書が生き物たちを楽しく知るきっかけになれば、これ以上うれしいことはありません。

今泉忠明

もくじ

第3章 見かけによらないざんねん

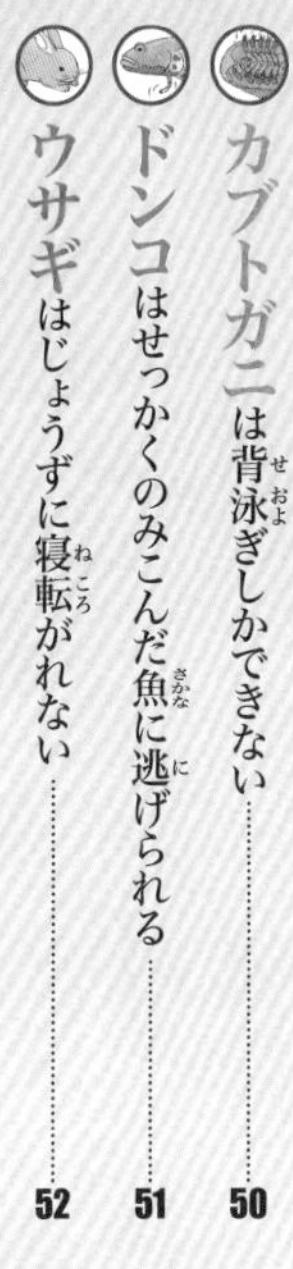
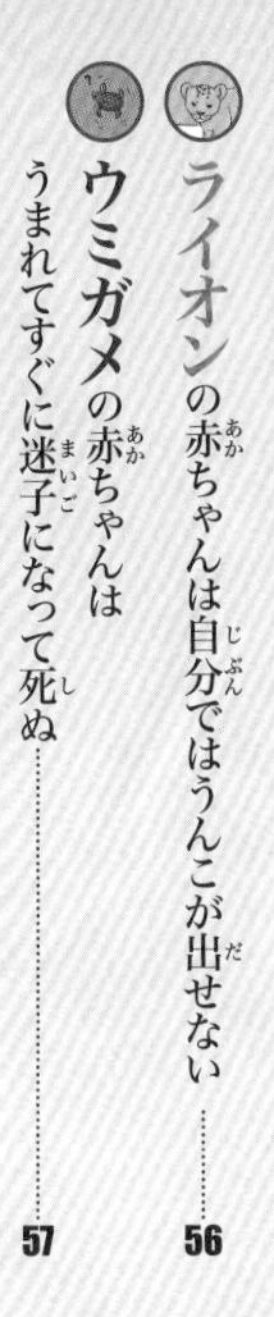
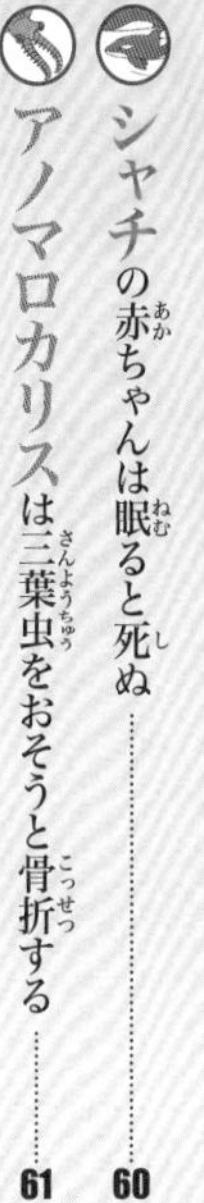

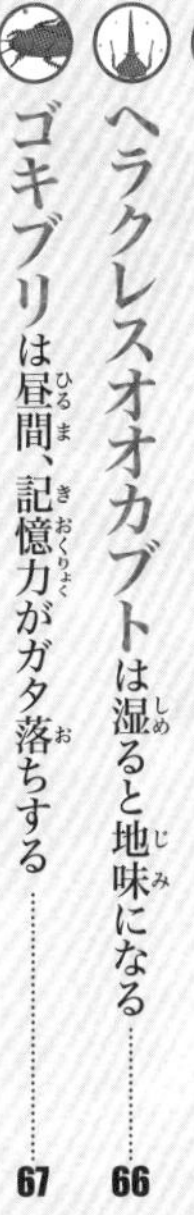
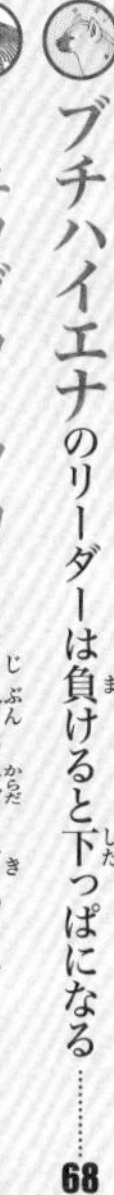

第4章 よく見るとざんねん

第5章 見たまんまざんねん

第6章 いなくなったざんねん

イラスト　下間文恵・おおうちあす華・uni
執　筆　有沢重雄・野島智司・山内ススム
編集協力　吉田雄介(キャデック)・澤田憲・ミアリエ
本文デザイン　相原真理子
校　正　新山耕作

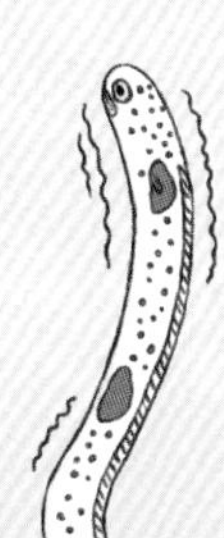

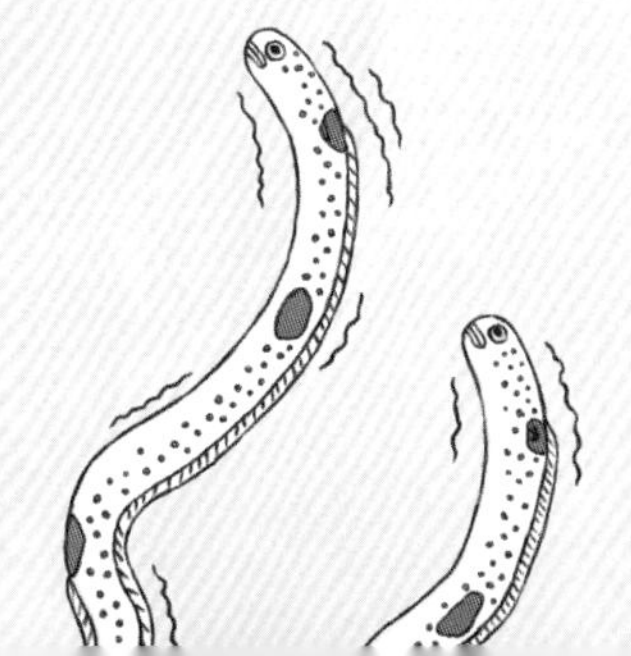

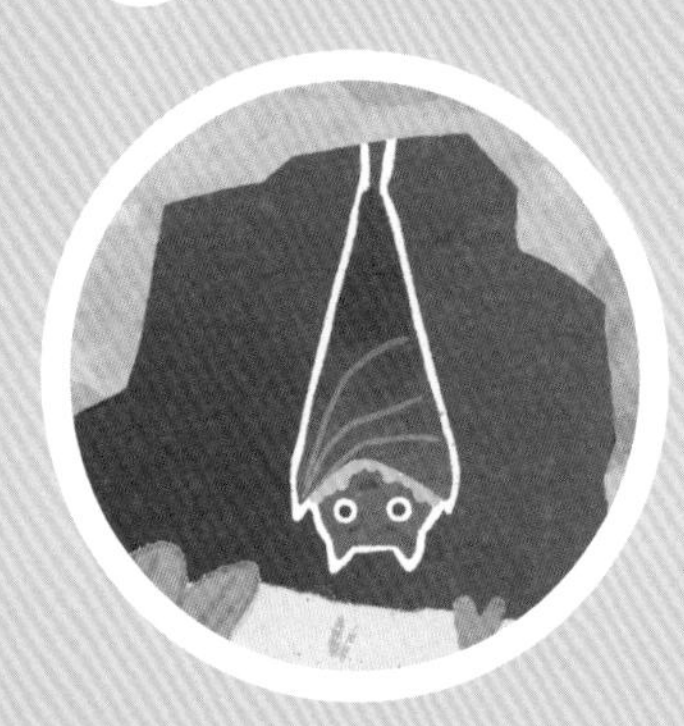

のふしぎ

第1章(だい しょう)
ざんねんな進化(しんか)

生き残り方は、自由。

いま地球には、
約870万種の生き物がいると考えられています。
いっぽう、これまでに絶滅した種は50億～500億種。
じつは、生き物の99％は絶滅しているのです。
では、絶滅した生き物とそうでない生き物の違いはなんでしょうか。
それは「環境に合った体や能力があるかどうか」です。
大きくて力が強くても、恐竜のように絶滅することがあります。
反対に、体が小さく武器がなくても、
生き残った生き物はたくさんいます。
ざんねんに思える行動や習性にも、
生き残るのに必要な力がかくされているかもしれません。

基本夜にしか動かない
コウモリ
あまり目立ちたくなくて
1日ほとんど動かない
ナマケモノ
ぼー
飛ぶのをやめた
ダチョウ
やーめた
ハゲてまで
残りものを食べる
ハゲワシ
自分清潔さ命なんで
ここが好きなの
暗い地下でくらす
ハダカデバネズミ
一匹じゃ生きられない
イワシ
みんないっしょ♥
見つけないでください

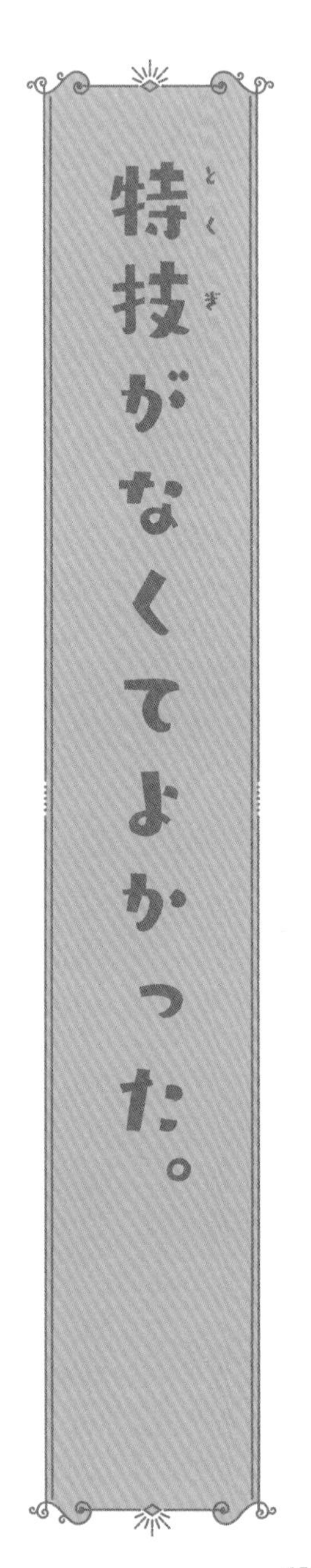

「すごい!」けど絶滅しそう……

パンダは、もともとは肉食動物でしたが、ササ(竹)を食べられるように進化しました。ササは有毒で栄養が少ないため、ほかの動物は見向きもしませんでした。だから争うことなく、安全に食べ物を手に入れられました。

ところが人間が増えると、都市の開発により竹林が切られるようになります。そのせいで食事の99%をササにたよっていたパンダは食べ物がなくなってしまいました。

いまでは絶滅しそうなほど数が減っています。

ジャイアントパンダ

「ざんねん」だけど生き残った！

オポッサムは、恐竜がいた時代からいる古いほ乳類です。

歩くのがヘタで、戦っても負けてばかり。敵におそわれたときは、体から腐ったにおいを出し、死んだふりをして生きのびてきました。

食べ物にもこだわりがありません。葉、花、果実、虫、トカゲ、鳥や動物の死体まで、なんでも食べます。生き残るために、選んでなんかいられないのです。

でも、そのおかげで人間の都市が広がっても、残飯を食べてどんどん数を増やしています。

オポッサム

逃げてよかった。

「すごい！」けど絶滅した……


恐竜がいた時代、海で最大最強の生き物だったのがモササウルスです。全長13mもあり、なんとサメや首長竜も食べていました。

ところが6600万年前、地球に隕石が落下。

その影響で、気温が下がったり、酸性雨が降ったりして、浅い海の生き物はほとんど絶滅してしまいました。

その結果、モササウルスも食べ物がなくなり絶滅してしまいました。

シーラカンス

モササウルス

「ざんねん」だけど生き残った！

シーラカンスは、約4億年前から世界中の海でくらしていました。

しかし、大きな魚類や魚竜が出てくると、食べられたり、食べ物をうばわれたりして、すみかを追われてしまいます。

その結果、多くのなかまが絶滅し、数種類だけが深海でくらすようになります。

でも、深海に逃げたおかげで、隕石が落下したあとも生きのびることができたのです。

弱くてよかった。

「すごい！」けど絶滅した……


スミロドンは、約1万年前までアメリカ大陸にいた最強の肉食獣です。

20㎝以上もある巨大な牙と筋肉もりもりの前足で、自分より大きな生き物も狩ることができました。

ところが地球の気候が変化したことで、えものにしていた大型獣がいなくなってしまいます。さらに進化した大型のネコ類が現れて、食べ物をうばわれてしまいました。

スミロドンは筋肉が多すぎたせいで足がおそく、小さく素早いえものをつかまえられなかったのです。

スミロドン（サーベルタイガー）

「ざんねん」だけど生き残った！

いちばん古いヒトの祖先は、約700万年前にうまれました。

そのころは、サルにくらべて木登りがヘタで、地上を走ることもできませんでした。そのため食べ物をうばわれたり、ほかの動物に食べられたりすることもありました。

しかし、弱いからこそ、ヒトはなかまと協力して身を守ったり、食べ物を分け合ったりするようになります。そのおかげで、生きのびることができたのです。

ヒト

「すごい」と「ざんねん」は裏表。

生き物の「すごい部分」と「ざんねんな部分」は、コインの表と裏のような関係です。

たとえば、ゾウのように体が大きければ、ほかの生き物から食べられる心配はありません。

でも、体が大きな分、たくさん食べないといけません。

環境が変わって食べ物がとれなくなれば、真っ先に絶滅の危機にさらされます。

同じ能力でも、時代や環境によってすごくもなるし、ざんねんにもなる。

どちらになるかは、時の運なのです。

草原(そうげん)では大(おお)きくて速(はや)いチーターが有利(ゆうり)だけど……

森林(しんりん)では小(ちい)さくてかくれやすいウサギが有利(ゆうり)！

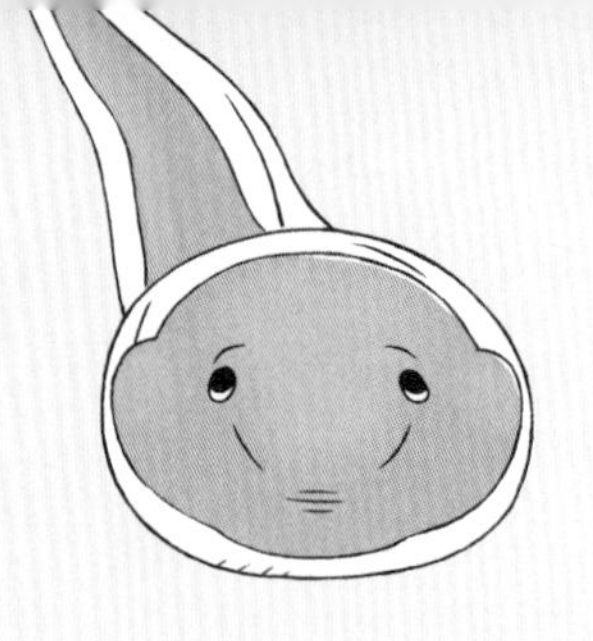

ねん

この章では、知らなかった！ と思わずおどろく
生き物たちのめずらしい姿をお届けします。

第2章 見たことないざん

パラパラ劇場　エゾアカガエルとエゾサンショウウオの頭巨大化対決！　勝つのはどっち？

ラクダのプロポーズはすべてをさらけ出しすぎ

ざんねん度 MAX

ラクダのオスのプロポーズはかなり衝撃的です。

気に入ったメスを見つけると、まず**自分の顔をつばで泡まみれ**にします。ベトベトで、においもかなりきついようです。

さらに、**口の中から長い舌のようなものを出して**、ビヨヨヨヨーンとふるわせます。これは「軟口蓋」といって、上あごの部分を風船のようにふくらませたもの。これが大きいほど、ラクダの世界ではイケてるのです。

最後の仕上げに、**半径3mにおしっこをブシャーっとまきちらして**プロポーズの完了です。もうかくし事はなさそうですが、近寄りたくはありません。

プロフィール

ほ乳類

- **名前**／ヒトコブラクダ
- **生息地**／西アジアを中心に家ちくとして飼われている
- **大きさ**／体長2.8m
- **とくちょう**／家ちくとして飼われているもの以外は絶滅している

Q ジュウニセンフウチョウのオスは何でメスの顔をなでる？ →答えは26ページ

ハシビロコウはあくびをするとなぞの物体が出てきちゃう

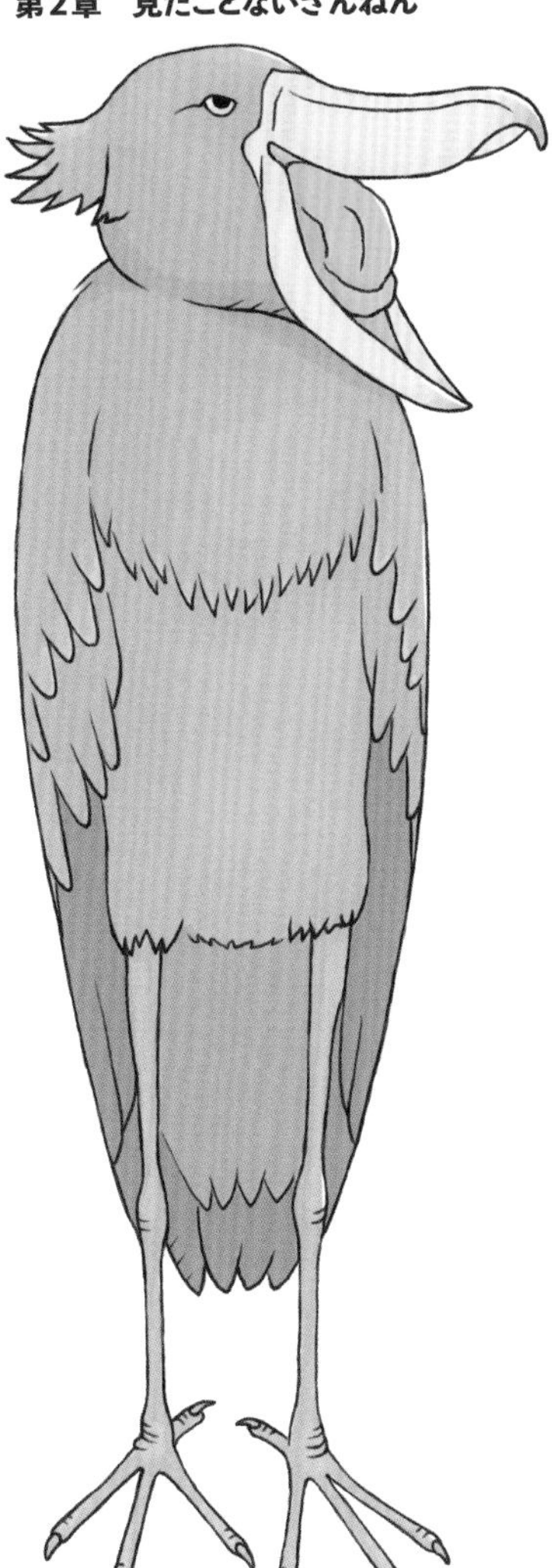

ざんねん度

ハシビロコウは、とにかく動きません。川や池の浅瀬に立ったまま、**何時間もじっとしています。**魚が水面に上がってくるのをひたすら待っているのです。

そんながまん強いハシビロコウも、つかれたときはあくびをします。そのとき口の中から、なぜか**ピンク色のなぞの物体**が出てきてしまいます。

このなぞの物体の正体は、内臓ではなく、**ハシビロコウの背骨**です。首をすぼめて口を大きく開けると、のどにある袋が内部から背骨に押されて、口から出ているように見えるのです。

もちろん、あくびが終わると、背骨は元通りになります。

プロフィール

鳥類

- 名前／ハシビロコウ
- 生息地／中央アフリカの水辺
- 大きさ／全長1.5m
- とくちょう／首をすくめたような姿勢で飛ぶ

タコは悪夢を見て苦しむ

人間は眠っているときに、浅い眠りと深い眠りを順番にくり返しています。じつは、こうした**睡眠のリズムがタコにもある**ことがわかっています。

さらに人間は、浅い眠りのときに夢を見ますが、タコも夢を見るかもしれないことが研究でわかりました。ある研究者が、マダコのなかまが寝ている様子を観察したところ、**突然防御の姿勢をとり、墨をはいた**のです。

タコを刺激するものは周りに何もなく、研究者はタコが悪夢を見て、無意識に身を守る反応をしたのではないかと考えています。タコはいったい、どんな夢を見たのでしょうか。

プロフィール

頭足類

- **名前**／ブラジリアン・リーフ・オクトパス
- **生息地**／ブラジルからメキシコ湾の海
- **大きさ**／全長45㎝
- **とくちょう**／オスもメスも、メスが卵をうんだあとに死んでしまう

A 24ページの答え→　おしりの羽

モグラネズミは天井に頭をぶつけまくって会話する

モグラネズミは、地下にトンネルをほり、モグラのように地中でくらすネズミのなかまです。目は、**ぼんやりと光を感じるくらい**でほとんど見えません。かわりに音やにおい、振動で周りの様子を感じとります。

かれらは**とてもなわばり意識が強く**、攻撃的でもあります。パートナーと出会うときも、見た目や食べ物で気を引いたりはしません。近くに異性がいるとわかると、**おたがいに巣穴の天井にガンガンと頭を打ちつけます**。この振動でコミュニケーションをとり、気が合えばようやく会います。頭突きがうまくないと、会うこともできません。

プロフィール

ほ乳類

- **名前**／シリアヒメメクラネズミ
- **生息地**／アフリカ北部からヨーロッパ南部の森林など
- **大きさ**／体長21㎝
- **とくちょう**／巣穴は最大で全長300mにもなる

エゾアカガエルの赤ちゃんは敵がいると頭が巨大化する

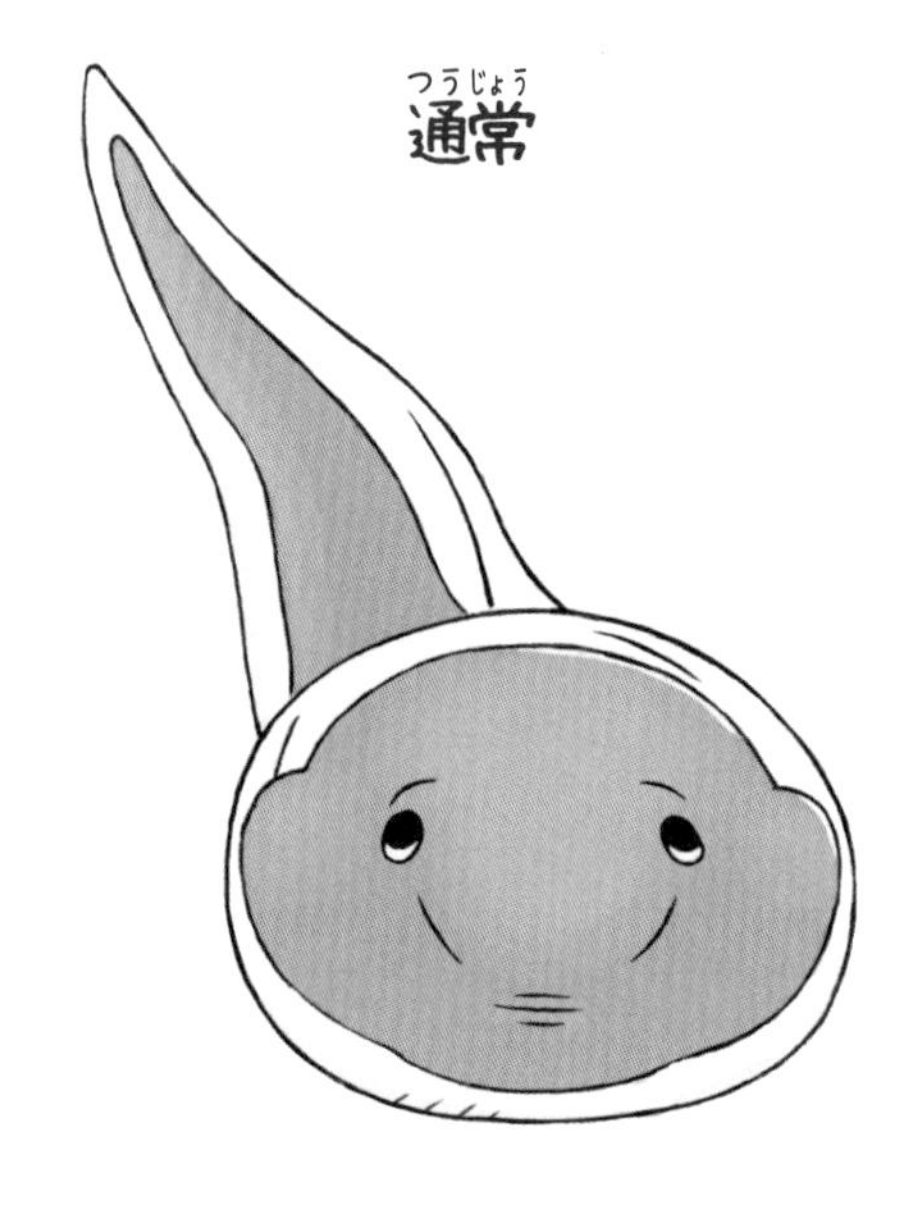

エゾアカガエルのオタマジャクシの天敵は、サンショウウオの子どもです。**見つかると、丸のみにされてしまいます。**

そこでオタマジャクシは、サンショウウオが近くにいると、**めちゃくちゃ頭がでかく**なります。あごが外れるくらい頭がでかければ、食べられる心配はありません。

ところが、サンショウウオの子どもも気づいてしまった

Q ライオンのたてがみは「○○ほどモテる」。○○に入るのは？ →答えは30ページ

巨大化

ようです。オタマジャクシが近くにいると、**あごがめちゃくちゃ大きくなる**ことがあります。

かれらの間では、頭とあごの巨大化の戦いが、日夜くり広げられているのです。

プロフィール

両生類

- **名前**／エゾアカガエル
- **生息地**／北海道の水辺
- **大きさ**／体長6㎝
- **とくちょう**／「キャラララ、キャラララ」と鳴く

ざんねん度

フサアンコウは死ぬギリギリまで息を止める

深海の海底でくらすフサアンコウは、えものが近くにくるまで、ひたすらじーっとしています。でも、えものと出会う機会はごくまれ。そこで、さらに**体力を節約するために息を止めます。**

通常、魚はエラを動かして、海水を出し入れして息をしますが、かれらは**エラにある部屋の中に一時的に海水をためます。**そこから酸素を取りこむことで、エラを動かさなくてもいいようにしているのです。**息止めの時間は、最大4分。**あまりに動かないので、英語では「コフィンフィッシュ（棺桶の魚）」と呼ばれています。がまんしすぎると、本当に棺桶になってしまいます。

プロフィール

硬骨魚類

■**名前**／オーストラリアフサアンコウ
■**生息地**／太平洋西部、オーストラリアの深海
■**大きさ**／全長22㎝
■**とくちょう**／ヒレで海底を歩くことができる

A 28ページの答え→ 黒い

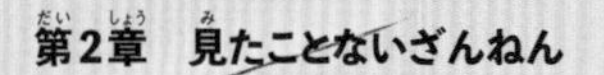

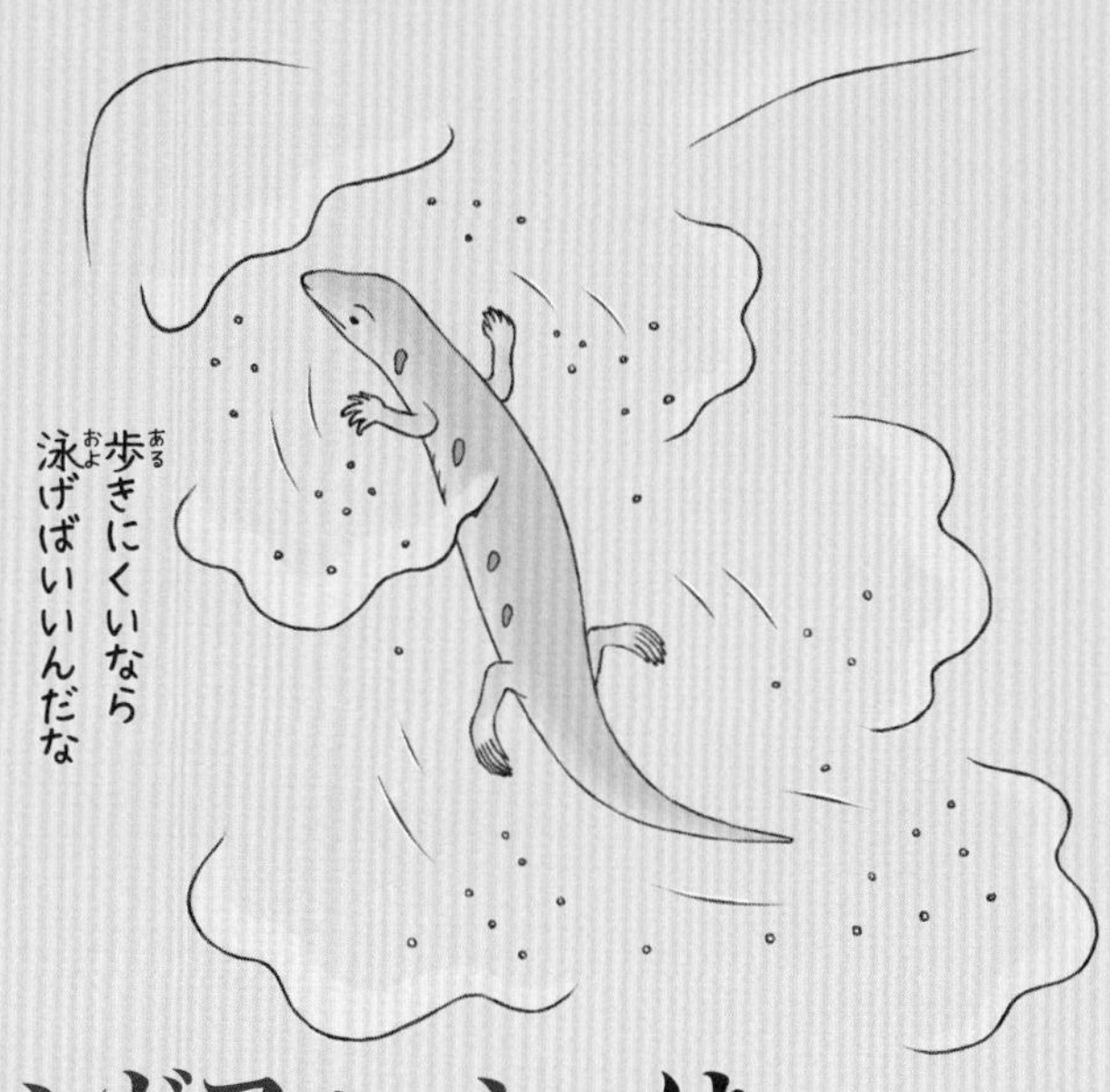

サンドフィッシュは歩くことをあきらめた

ざんねん度

サンド（砂）フィッシュ（魚）といっても、魚ではなくトカゲのなかまです。

サンドフィッシュは砂漠にすみ、体をくねらせることで**砂の中をスイスイ泳ぐ**ことができます。そして地中から、砂の上にいる虫をねらって食べるのです。

砂の中を泳ぐのは、そうしないと生きていけないから。砂の上を歩こうとすると、**体の重さでズブズブとしずむ**だけでなく**敵からも目立ちます**。そこで歩くことをあきらめ、砂の中を泳ぐように進化したのです。ちなみにかたい地面の上に置くとほかのトカゲと同じように普通に歩きます。そのほうが楽ですから。

プロフィール

は虫類

- **名前**／サンドフィッシュ
- **生息地**／アフリカからアラビア半島の砂漠
- **大きさ**／全長20㎝
- **とくちょう**／尾が短くて太く、全体的にずんぐりとしている

ペンギンは口の中が超こわい

ペタペタと歩く姿がかわいいペンギンですが、**口の中は凶悪**です。

ペンギンには、サメのようなするどい歯はありません。しかし、**舌と上あごに100本以上のトゲトゲが生えています。**

トゲがあるのは、とらえた魚を落とさないためです。かれらは水中を高速で泳ぎながら、くちばしで魚をつかまえます。このとき魚が逃げないようにトゲで引っかけます。しかも**トゲは口の奥にむかって生えていて、口から逃げようともがくと、奥に入っていく**ようになっています。

だからペンギンは、泳ぎながらでも魚を丸のみできるのです。

さらに鼻水をまきちらす

ざんねん度

プロフィール

鳥類

■ 名前／フンボルトペンギン
■ 生息地／南アメリカ西部の海岸
■ 大きさ／全長68㎝
■ とくちょう／ペンギンだけど、あたたかい地域にくらしている

さらに、ペンギンは、海から陸に上がると、ときどきくしゃみをします。そこまではオーケーですが、その直後に頭をぶるぶると振って、**あたり一面に鼻水をまきちらします。**

これは、かぜをひいたわけではありません。水中で魚をのみこんだときに、**いっしょに飲んでしまった海水の塩分を凝縮して外へ出している**のです。この**鼻水は、海水よりも2倍塩辛い**のだとか。

ちなみに、ウミガメが涙を流すのも体内にたまった塩分を外に出すためです。同じものなのに、涙と鼻水ではまったく印象が違います。

オポッサムの母は子にしがみつかれまくり

何から何まで人の世話になることを「おんぶにだっこ」といいますが、オポッサムの子どもは、リアルにおんぶとだっこをされて育ちます。

オポッサムは**カンガルーと同じでおなかに袋があり**、赤ちゃんは母親の袋の中で守られて育ちます。そのあとはひとり立ちするかと思いきや、今度は**わらわらと母親の背中に乗りだします**。

オポッサムは一度に20匹ほ

A 32ページの答え→　おしっこ

ど子をうむため、少しでも大きくなると袋の中に入りきらないのです。母親は多いときには**15匹ほどの子どもを背負って歩かなければなりません**。その姿は、乗客が殺到したインドの列車のようです。

プロフィール

ほ乳類

- **名前**／キタオポッサム
- **生息地**／北アメリカの森林
- **大きさ**／体長40㎝
- **とくちょう**／民家やゴミすて場によく現れる

アブラムシの寿命は昆虫一短い

太く短くせいいっぱいあぶらむし

「カゲロウの命ははかない」といわれます。たしかに成虫になってからの寿命は1日。ですが、その前に幼虫の期間が半年から3年ほどあります。

本当に寿命が短いのは、アブラムシです。**その一生は、わずか12日ほど**しかありません。

生き急ぐのも無理はなく、子どもは**母親のおなかの中で卵からかえります。そしてうまれた瞬間に、おなかにはすでに次の子どもがいます。**もはやマトリョーシカです。それから**6日で成虫**になり、結婚もせず子どもをうんですぐに死にます。

こうしてアブラムシは、1か月で1万倍まで数を増やします。

プロフィール

昆虫類

- **名前**／ワタアブラムシ
- **生息地**／世界中の草原など
- **大きさ**／体長1.3㎜
- **とくちょう**／温度によって寿命が変わる

Q ジャッカルの赤ちゃんのごはんは何？

→答えは38ページ

ヘビは自分のしっぽを間違えて食べがち

自分の尾をかんで円を形づくるヘビの図を「ウロボロス」といいます。始めも終わりもないことから、**「完全」や「永遠」のシンボル**とされますが、じつは現実でも同じようなことをします。

ヘビは暑さに弱く、暑さで頭がぼんやりすると、たまに**自分のしっぽをえものと間違えてかんでしまう**ことがあるのです。また、ストレスや病気が原因でしっぽをかむこともあります。

かみついたら痛さですぐに気づきそうなものですが、案外そうでもない様子。なんと、**そのまましっぽを消化**してしまったり、窒息して死んでしまったりすることもあります。

プロフィール

は虫類

■**名前**／カリフォルニアキングヘビ
■**生息地**／アメリカ南部から西部、メキシコ北西部の森林など
■**大きさ**／全長1m
■**とくちょう**／ほかのヘビのなかまをよく食べる

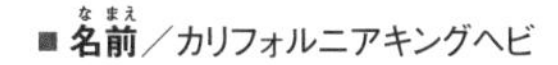

ボルソン・パプフィッシュはおならをしないと死ぬ

ざんねん度

ボルソン・パプフィッシュは、川底に生えている藻を食べます。そのとき藻から出るガスもいっしょに体に取りこみます。この**ガスがおなかにたまると、体が逆さになって水に浮き**、泳げなくなってしまいます。
水面に浮いた魚は、鳥のかっこうの餌食。浮いたら最後、あっという間に鳥に食べられてしまいます。また、ガスがたまりすぎると、**おなかが破裂すること**もあります。そうならないためには、**とにかくおならをしまくる**しかありません。
かれらは毎日「おならをするか、死ぬか」の究極の二択を迫られているのです。

プロフィール

硬骨魚類

- **名前**／ボルソン・パプフィッシュ
- **大きさ**／全長4cm
- **生息地**／メキシコ北部の川
- **とくちょう**／メダカに似ている

A 36ページの答え→ 親のゲロ

ヒカリハダカの赤ちゃんはいろいろ飛び出している

ざんねん度

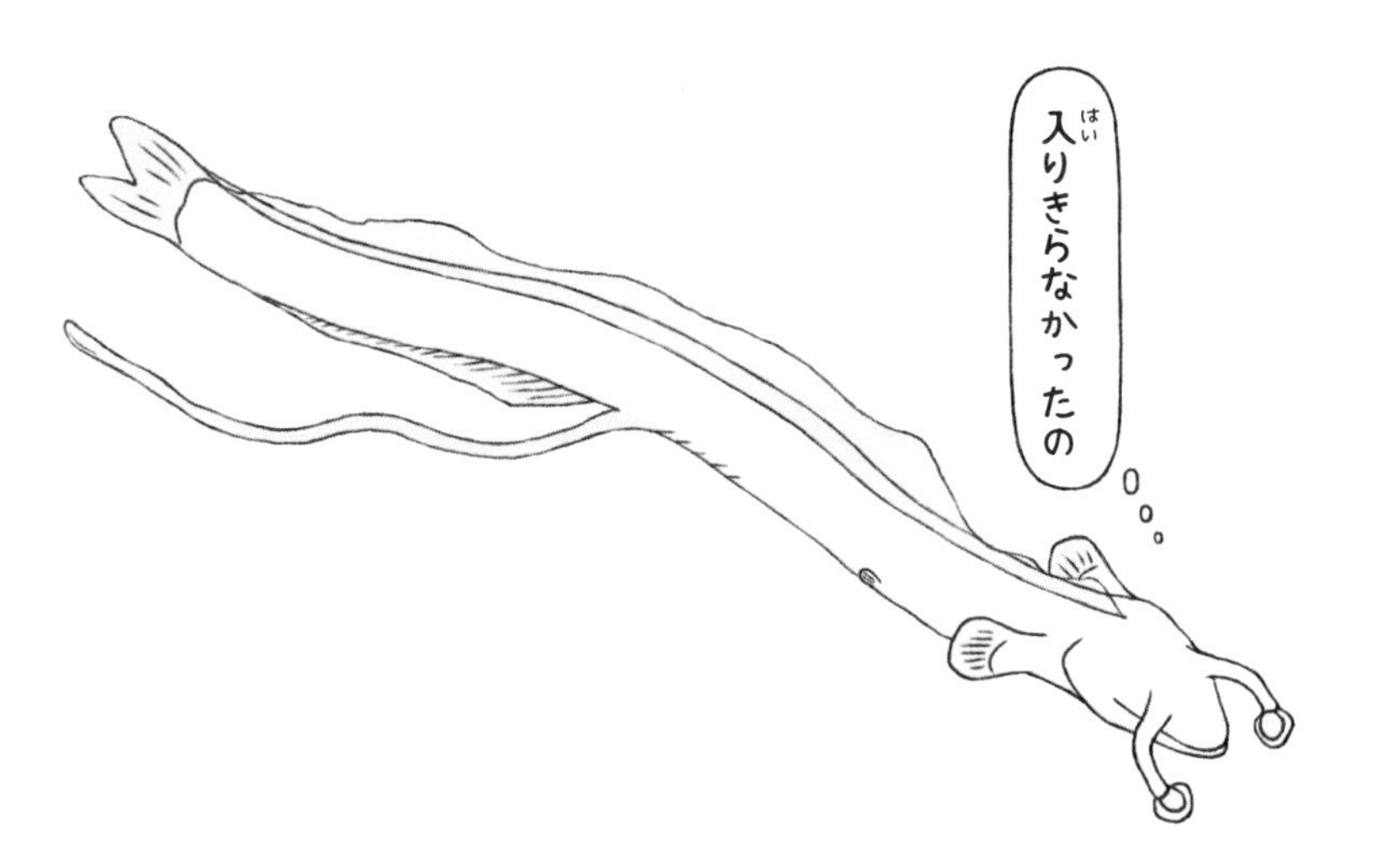

ヒカリハダカは、深海にいるハダカイワシのなかまです。動物プランクトンなどの微生物を食べてくらしています。

ハダカイワシは**うろこがとてももろく**、網にかかるとすぐはがれてしまいます。そのため「ハダカ（裸）」と名づけられました。

ところがヒカリハダカの赤ちゃんは、うろこの下だけでなく、**体の中身までさらけ出してしまっています**。2つの目は、カタツムリのように外に飛び出しているほか、腸もミミズのようにびろんとおなかの外に飛び出しています。その上、**体が光る**のですから、もはや見られたくない部分は何もありません。

プロフィール

硬骨魚類

■**名前**／ヒカリハダカ
■**生息地**／太平洋、インド洋の深海
■**大きさ**／全長11㎝
■**とくちょう**／光るので、ランタン（ちょうちん）フィッシュとよばれる

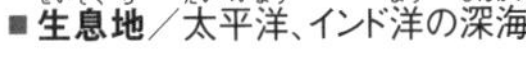

ケラマジカのオスは母親に島から追い出される

ケラマジカは、**沖縄県の慶良間諸島だけにいる**めずらしいシカです。国の天然記念物にも指定されています。

ケラマジカの子どものオスは、1歳をすぎると試練がやってきます。母親に追い立てられて、**島から追い出される**のです。子ジカは自力で泳いで近くの別の島にたどりつかなければなりません。**ときには力尽き**てしまい、漁師に助けられることもあります。

Q ジャコウウシのオス同士の戦いの方法は？

→答えは42ページ

無事に別の島についたオスは、その島のメスと子どもをつくります。やっと平和にくらせると思いきや、結婚するには島にいるほかのオスと戦って勝たなければなりません。試されっぱなしの一生です。

プロフィール

- 名前／ケラマジカ
- 生息地／沖縄県の慶良間諸島の森林など
- 大きさ／体長1m
- とくちょう／夜行性で警戒心が強い

さんねん度

ヒラノウサンゴは サンゴなのにケンカが激しい

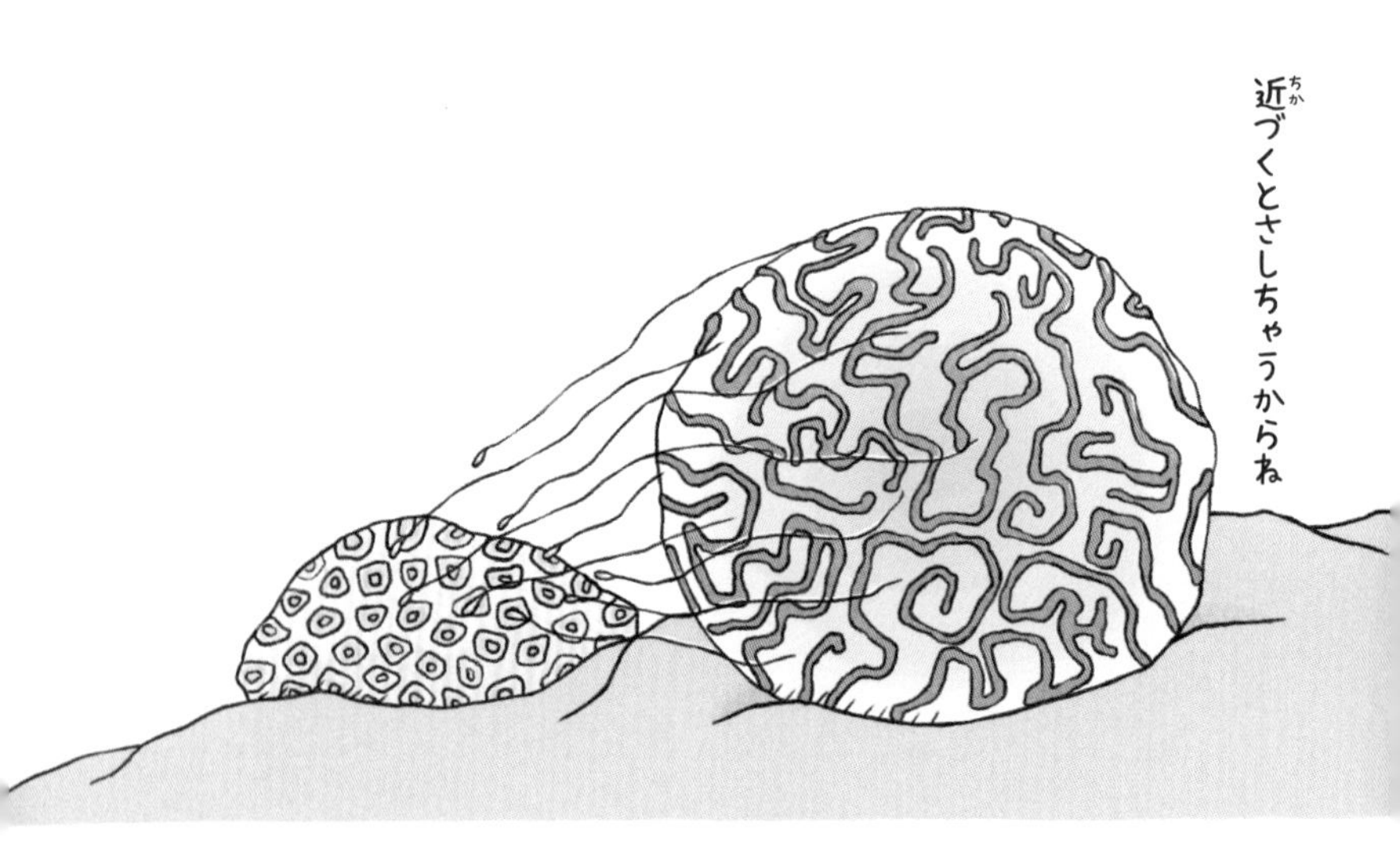

岩や植物のようにじっと動かないイメージがありますが、**サンゴはれっきとした動物**。ときにはケンカだってします。

なかでもヒラノウサンゴは、えものをとる触手とは別に、「**スイーパー触手**」なるケンカ専用の武器をもっています。この触手を近くのサンゴまで何十本もゆらゆらとのばして、**毒針を打ちこむ**のです。毒はとても強力で、近くにいるサンゴを全滅させることもあります。

ほかにも触手に毒をもつサンゴはたくさんいます。サンゴ礁の美しい海に人間がいやされている下では、血生ぐさい戦いがくり広げられているのです。

プロフィール

花虫類

- **名前**／ヒラノウサンゴ
- **生息地**／太平洋から大西洋のあたたかい浅瀬
- **大きさ**／直径1m以上
- **とくちょう**／ヒラノウサンゴの「ノウ」は脳の意味

A 40ページの答え→ 頭突き合戦

ナミバラアリは頭がでかすぎる

ナミバラアリは、東南アジアの熱帯林でくらす雑食性のアリです。**女王アリ、働きアリ、兵隊アリからなる数十から百匹ほどの小さな集団**をつくります。

なかでも兵隊アリは、外見が超個性的。なんと**体の半分以上が頭**です。頭の中には大きなあごを動かすための筋肉がつまっていて、とても強そうです。

ところが、**この強力なあごを使って敵と戦うことはありません**。巣の中に引きこもって、いっさい外に出ないからです。巣の中では、働きアリが運んできた**植物の種をひたすらかみくだいて食べやすくして**います。兵隊というより、給食当番です。

プロフィール

昆虫類

■**名前**／ナミバラアリ
■**生息地**／東南アジアの熱帯・亜熱帯林
■**大きさ**／体長5㎜（兵隊アリ）
■**とくちょう**／アリのなかまではめずらしく、1つの巣に100匹以下しかすまない

ロクロクビオトシブミは頭と体が遠すぎる

ざんねん度

オトシブミは、**卵をうみつけた葉っぱをクルクルと巻いて地面に落とします。**こうして卵をかくすとともに、卵からかえった赤ちゃんが、すぐに葉を食べられるようにしているのです。

ところで、そんなことはどうでもよくなるほど、ロクロクビオトシブミの首は長すぎます。

その長さは、全身1・1㎝に対して、首が8㎜。**体の70％以上を首が占めている**計算になり、「ろくろ首」もびっくりです。

ただし**首が長いのはオスだけ。**昔、たまたま首が長いオスがうまれてメスにモテた結果、どんどん首が長くなっていきました。

プロフィール

昆虫類

- **名前**／ロクロクビオトシブミ
- **生息地**／フィリピンの森林など
- **大きさ**／体長1.1㎝
- **とくちょう**／オス同士のケンカは首の長さで争われる

Q リスザルはさみしいとどうなることがある？

→答えは50ページ

ウォーターアノールはおぼれるギリギリまで水中にしがみつく

ウォーターアノールは、水辺でくらすトカゲです。おどろくことに、**水の中に15分以上ももぐり続けることができます。**

かれらは**体を薄い空気の膜でおおう**ことができます。この膜を風船のようにふくらませたりしぼませたりすることで、水中でも長い時間呼吸をし続けることができるのです。

そうまでして水の中にいたいのは、地上だと食べられてしまうから。ウォーターアノールの天敵はヘビで、すぐに逃げられるように**眠るときは枝の先につかまっている**ほど。ただし川に飛びこんでも、カニに食べられてしまうこともあります。

プロフィール

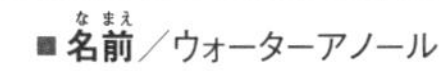

は虫類

■**名前**／ウォーターアノール
■**生息地**／コスタリカ、パナマの川の近くの森林
■**大きさ**／全長6.5㎝
■**とくちょう**／水中にもぐり水生昆虫や小魚を食べる

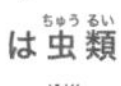
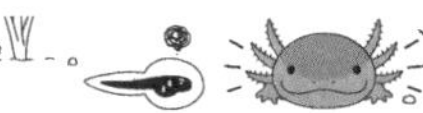

生き物が見ている世界

ハエの視界はつぶつぶ

多くの昆虫は複眼といって、目にたくさんのレンズをもっているので、物が上の絵のようにつぶつぶに見えるようです。

イヌ・ネコは赤が見えない

どちらも視力0.1～0.3と目が悪く、さらには赤い色が見えないので、茶色や緑色っぽく見えるといわれます。

ほとんどの生き物には目があって、「見る」ことによって多くの情報を得ます。では、ほかの生き物も人間が見ているのと同じように見えているのでしょうか。じつはそうではないようです。

さまざまな生き物が世界をどんなふうに見ているのか。それを少しだけのぞいてみましょう。

ヘビは視力が悪いのに目は高性能

多くのヘビは視力がとても弱くて、視界がぼやけます。種類によっては温度を見ることができるといわれ、夜でも狩りができます。

イルカの視界はぼやけて色がわからない

視力は0.1程度といわれ、そのうえ色がわからないので、世界が白黒に見えるようです。

ワシは目がよすぎて増えられない

人間の8倍ともいわれる視力をもつといわれ、多くのえものをつかまえます。そのため、1羽が生きるのに広い土地（なわばり）が必要で、数が増えることがなかなかできません。

い ねん

この章では、生き物たちの
思わずざんねんに感じてしまう、
意外な生態をお届けします。

第3章

見かけによらなざんね

パラパラ劇場　シロイルカが全力でジャンプしてみたけれど……

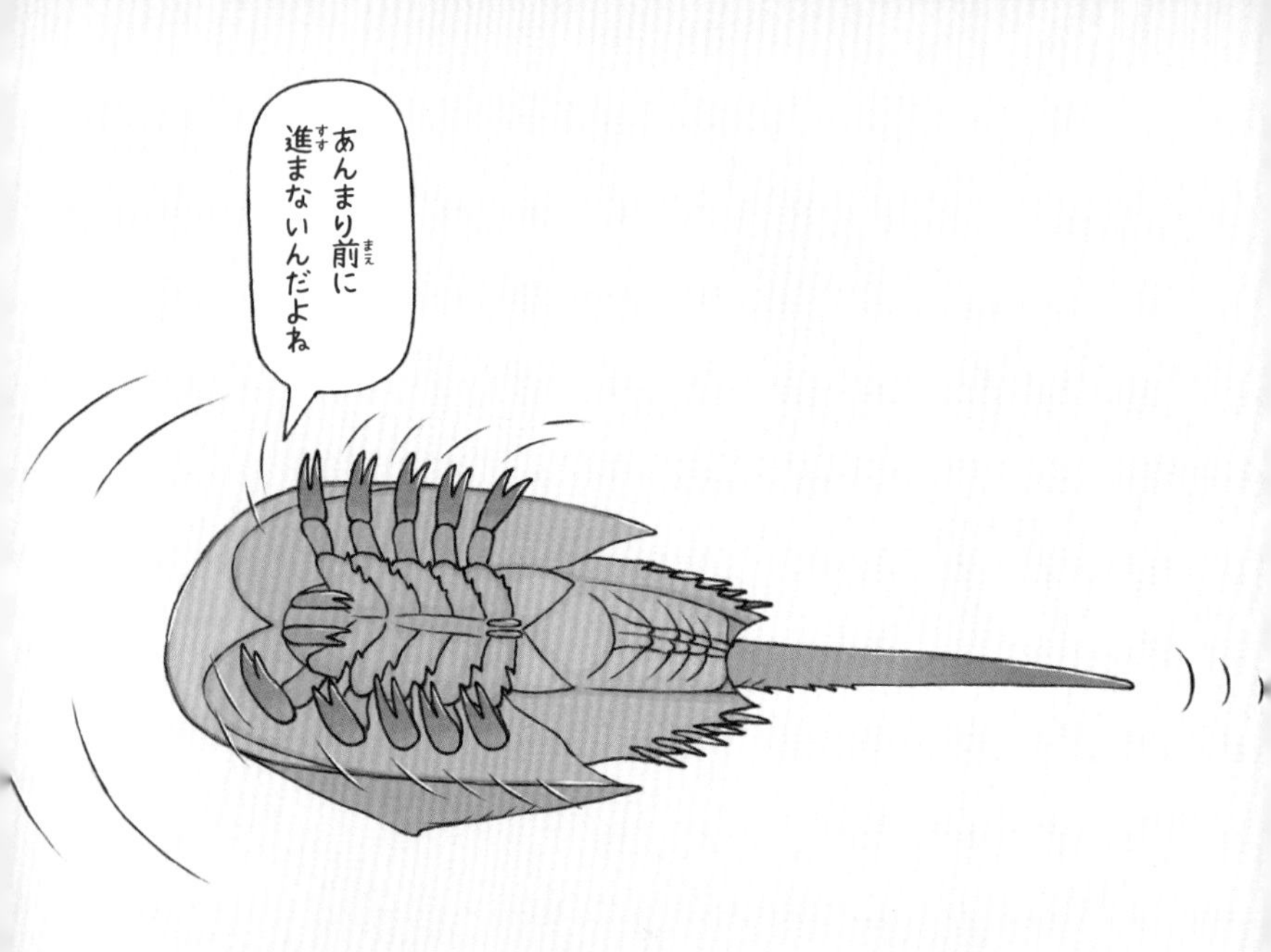

カブトガニは背泳ぎしかできない

カブトガニは、ふだんは海辺でくらし、**こうらを上にむけて泥や砂の上を歩いて移動**します。また、ゆっくりではありますが水の中を泳ぐこともできます。

ただし、カメのように地上と同じ姿勢のまま泳ぐことはできません。水中を泳ぐときは、**体をひっくり返して背泳ぎ**をします。まるで、あおむけのまま犬かきをするように、**たくさんの足を前後にバタバタと動かして**水中を移動するのです。

そして目的の場所につくと、ぴたりと足を止めて、頭から海底へ落下します。このときうまく元の体勢にもどれないと、死んでしまうこともあるそうです。

プロフィール

鋏角類

■**名前**／カブトガニ
■**生息地**／東アジアの浅い海
■**大きさ**／全長65㎝
■**とくちょう**／うまれてすぐはしっぽがない

A 44ページの答え→ 死んでしまうことがある

ドンコはせっかくのみこんだ魚に逃げられる

ざんねん度 MAX

ドンコは、川や池などにいる大型の淡水魚です。**とても食いしん坊**で、自分の口に入る大きさの生き物は、なんでも食べようとします。

全長5㎝ほどのウナギの稚魚も、ドンコのえもののひとつ。しかし食べるのはかんたんではありません。食べられた稚魚は、ドンコの胃の中で大暴れ。なんと半分近くの稚魚が、ドンコの食道をさかのぼって、**エラから外に逃げ出してしまいます。**

稚魚が体内で力尽きるタイムリミットは、**1分30秒から5分**。そのあいだ、ドンコは稚魚に逃げられないように、ずっとハラハラしているのかもしれません。

プロフィール

硬骨魚類

- **名前**／ドンコ
- **生息地**／新潟県、茨城県から九州の川
- **大きさ**／全長23㎝
- **とくちょう**／昼は岩などの下にかくれ、夜に小魚などを食べる

ウサギは じょうずに寝転がれない

ウサギはいきなりたおれます。具合が悪いわけではありません。眠たいのです。

イヌやネコが横になるときは、まず**「ふせ」の状態になってか**ら体をごろんと横にたおします。

ところがウサギの場合**起き上がった姿勢からいきなり横にた**おれることがあります。体の構造上**少しずつ横になることができず、**軽くジャンプしてぐるりと横に回転しながら落下します。

これは人間だったら、「おやすみー」と言った直後にダイビングショルダーアタックを床に決めるようなもの。しかも野生のウサギは、目を開けたままぐーぐー寝ちゃいます。

プロフィール

ほ乳類

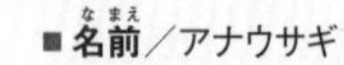

- **名前**／アナウサギ
- **生息地**／ヨーロッパからアフリカにかけての森林や草原など
- **大きさ**／体長43㎝
- **とくちょう**／50mほどの迷路のような巣穴でくらす

Q フクロアリクイのおなかには袋がある？

→答えは54ページ

イヌは人間からあくびがうつっちゃう

人があくびをすると、イヌもあくびをすることがあります。

これはぐうぜんではありません。ある研究者が、25匹のイヌに心拍計（心臓の動きをはかる装置）をつけ、人のあくびがうつるかどうかを調べました。その結果、**イヌは人に共感して、あくびをまねしていること**がわかったのです。さらに、**知らない人よりも飼い主のほうが、あくびがうつりやすい**こともわかりました。

ちなみに本書の制作チームの中に15年イヌとくらしている人がいますが、目の前であくびをしても完全に無視されます。きらわれているのでしょうか。

プロフィール

ほ乳類

- **名前**／イエイヌ
- **生息地**／世界中で飼われている
- **大きさ**／体長45㎝（シバイヌ）
- **とくちょう**／オオカミを飼いならすなかでうまれたのがいまの人間との関係

モザンビークドクフキコブラの最終奥義は死んだふり

モザンビークドクフキコブラは、名前のとおり**敵に毒をふきつけて攻撃**します。体の中には**毒がつまった袋**があり、その毒を牙の先からシャワーのように発射するのです。なんと**毒は一直線に2～3m**も飛びます。

しかし、なかには毒のシャワーにひるまない敵もいます。その場合、**敵に直接かみついて毒を注入**します。

さらには、それでも気にせ

えっさっきまで戦ってたよね!?
最終奥義…

③ 死んだふりをする

ず攻撃してくる敵もいます。そんなとき、**最後にくり出す奥義が「死んだふり」**です。

さっきまで目の前で毒をふいていたのに、急に死んだふりをしても意味がない気がします。

プロフィール

は虫類

- **名前**／モザンビークドクフキコブラ
- **生息地**／アフリカ南部のサバンナ
- **大きさ**／全長1m
- **とくちょう**／ろっ骨を動かして「フード」（首の皮ふ）を広げていかくする

ライオンの赤ちゃんは自分ではうんこが出せない

ざんねん度

ライオンの赤ちゃんは、1日に1～2回ほどうんこをします。でも、赤ちゃんは**自分だけでうんこをすることができません**。**母親がおしりの穴をなめて刺激**してあげないと、うんこが出ないのです。しかもちゃんと体の外に出せないと、おなかがふくれる病気になってしまいます。

ちなみに、母乳を飲んで育つ赤ちゃんのうんこは黄色ですが、成長して肉を食べるようになると**真っ黒に変化**します。これは肉や血にふくまれる鉄分の色です。また、においは「ものすごくくさい」と言う人もいれば「コーヒーっぽい」と言う人もいて、意見が分かれるようです。

プロフィール

ほ乳類

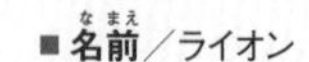

- **名前**／ライオン
- **生息地**／アフリカ、インドの草原
- **大きさ**／体長2m（メス）
- **とくちょう**／ネコのなかまだが、キャットフードは食べない

Q チチュウカイイボクラゲは何にそっくり？ →答えは58ページ

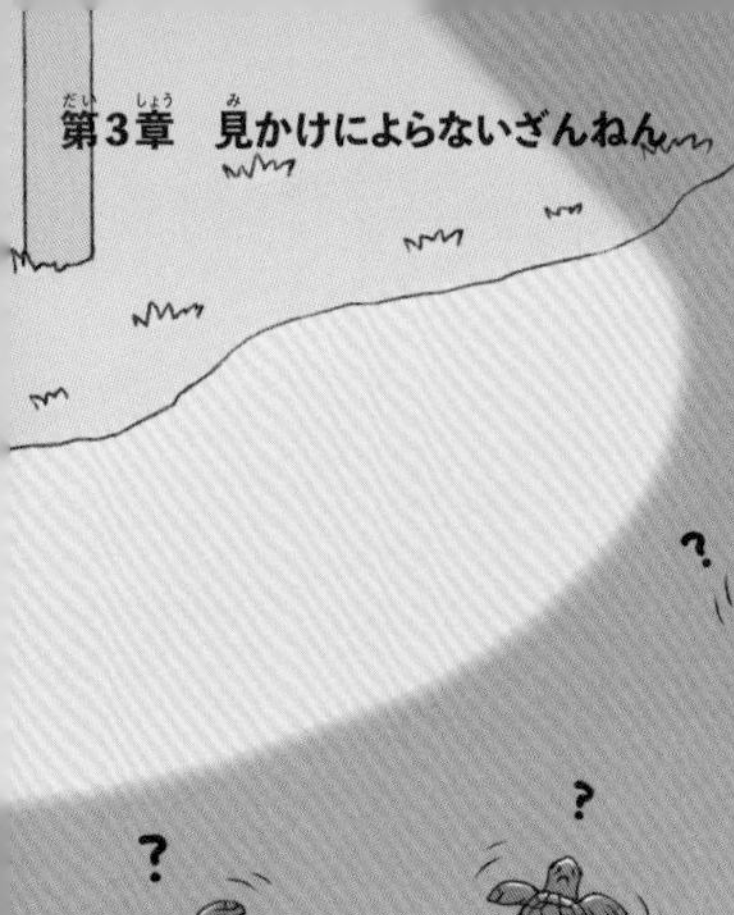

ウミガメの赤ちゃんはうまれてすぐに迷子になって死ぬ

砂浜でうまれるウミガメの赤ちゃんは、夜になると砂の中から出てきて海を目指します。

このとき赤ちゃんガメは、明るいほうを目指して歩きます。かれらには**紫外線という人の目には見えない光が見えていて、**海は陸にくらべてたくさんの紫外線を反射するため、赤ちゃんガメには明るく見えるのです。そのため**明るいほうへ行けば、自然と海にたどりつく**わけです。

ところが周りに街灯などがあると、海とは反対方向に歩いてしまい死ぬこともあります。

もしウミガメの赤ちゃんを見つけても、ライトはつけずにそっと見守ってあげましょう。

プロフィール

は虫類

- **名前**／アオウミガメ
- **生息地**／世界中の熱帯や亜熱帯の海
- **大きさ**／こうらの長さ90㎝
- **とくちょう**／体の中の色（脂肪）が青や緑色のため名前にアオとついている

ザトウクジラは去年の歌を歌うとモテない

ザトウクジラのオスは、メスに自分の存在をアピールするために歌を歌います。子づくりの時期になると、メスに**数分〜30分くらいの歌をくり返し歌って、**気に入られようとするのです。

しかもてきとうに歌っているわけではありません。人間の世界と同じように、**ザトウクジラの歌にも流行があります。**

メスたちは流行に敏感で、昔の歌を歌ってもモテません。そこでオスたちは、毎年新しい歌を覚えて、去年の曲はだんだん歌わなくなっていきます。

この歌の流行は、**毎年西から東に広がっていく**とか。西に大物作曲家でもいるのでしょうか。

A 56ページの答え→ 目玉焼き

フジツボをつけているが、じつはかゆい

プロフィール

ほ乳類

- **名前**／ザトウクジラ
- **生息地**／世界中の海
- **大きさ**／体長13m
- **とくちょう**／水から全身が飛び出るほどの大ジャンプをする

さらに、ザトウクジラは体にフジツボをつけているものが少なくありません。じつは**フジツボの幼生は海を泳いでいて、**動きがゆっくりなザトウクジラの**皮ふにくっついて成長**するのです。

これまでザトウクジラは、体にフジツボがびっしりついていても、とくに気にしていないと思われていました。「体が大きいから大丈夫なのかな」と思いきや、最近になって、海底に寝転がって**めちゃくちゃ体をこすっていることが発覚**。やっぱりすごくかゆかったようです。

とくに顔の周りがかゆいらしく、みんなでなかよく海底に頭を打ちつけています。

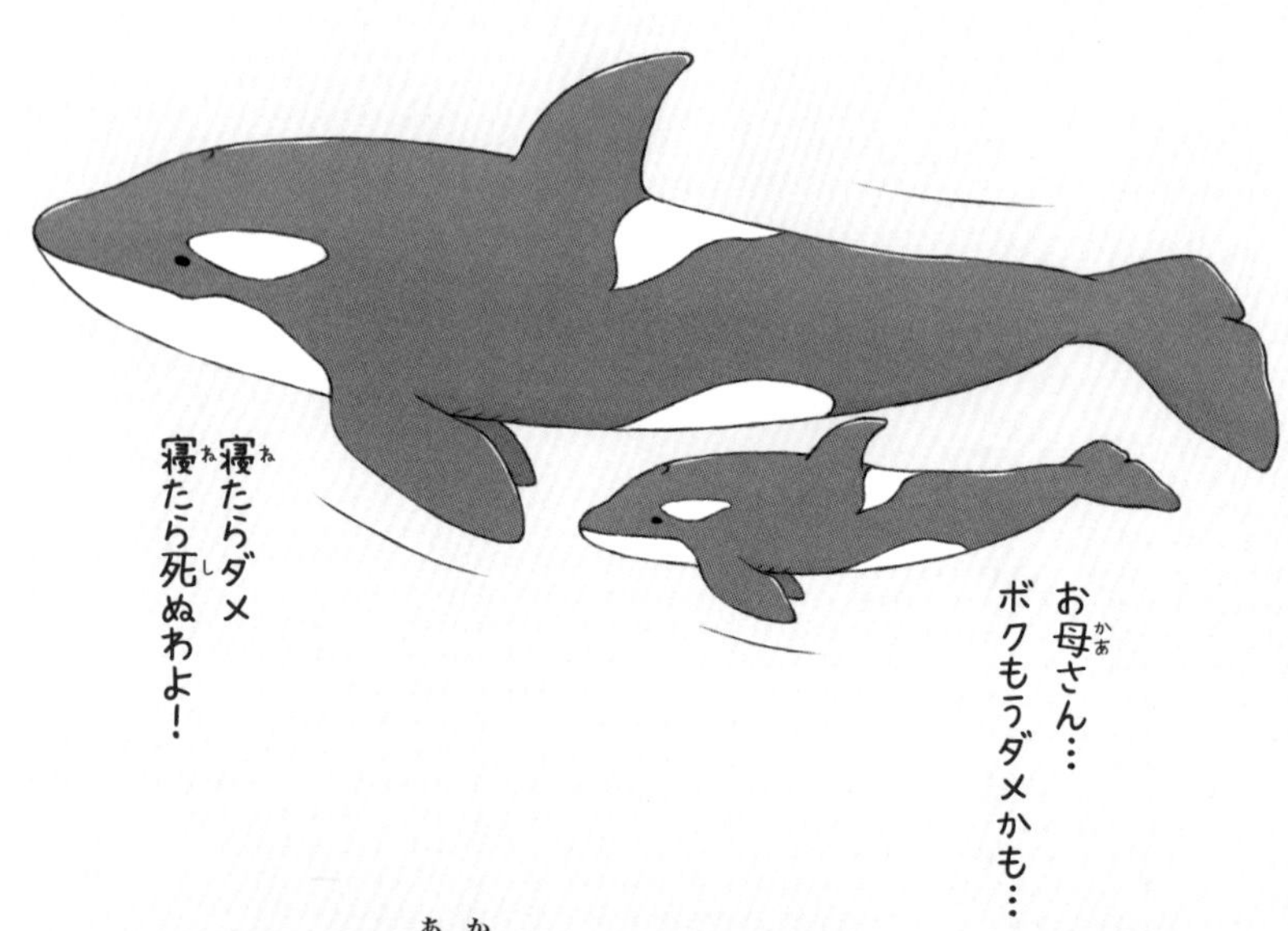

お母さん…
ボクもうダメかも…
寝たらダメ
寝たら死ぬわよ！

シャチの赤ちゃんは眠ると死ぬ

最強のハンターとして知られるシャチは、大きな体と牙でサメでさえも食べてしまいます。しかも、いちばん栄養のある肝臓をえぐりとって食べる、イルカやアシカなどほかの動物の声マネもできるなど、**知能の高さも大きな強み**になっています。

ただし最強なのは、おとなになってから。**体長2〜3mしかない赤ちゃん**は、逆にサメにおそわれてしまうこともあります。

そのため赤ちゃんがうまれて1か月ほどは、母子ともに眠ることができません。**不眠不休で敵の攻撃にそなえる**のです。

サメに食べられる前に、睡眠不足で死んでしまいそうです。

プロフィール

ほ乳類

- **名前**／シャチ
- **生息地**／世界中の海
- **大きさ**／全長9m
- **とくちょう**／シャチを漢字で書くと魚へんに「虎」と書くように、強い動物として知られる

Q ウミグモの腸はどこにある？

→答えは62ページ

アノマロカリスは三葉虫をおそうと骨折する

アノマロカリスは約5億年前の海にいた最強のハンターです。突き出た大きな目は、**片方だけで約1万6000個ものレンズ**がついています。このすぐれた目でえものを見つけ、2本の腕でつかまえて食べていました。

とくに海底をノロノロ歩いていた三葉虫なんてイチコロ……と思いきや、近年の研究で意外な事実がわかりました。**三葉虫の殻は岩のようにかたく**、アノマロカリスの歯や腕では砕けなかった可能性が高いのだそう。

もし無理やり食べようとすれば、**アノマロカリスのほうの腕が折れ、歯がボロボロに**なってしまうと考えられます。

プロフィール

恐蟹類

■**名前**／アノマロカリス（絶滅種）
■**生息地**／カンブリア紀の浅い海
■**大きさ**／体長80cm
■**とくちょう**／よく見える目をもった最初の生物のひとつ

ゾウのオスはなぞの汁が出ると凶暴化する

ざんねん度

アジアゾウのオスは、おとなになると**毎年1か月ほど「マスト」という状態**になります。

マスト状態のオスは**めちゃくちゃ凶暴**です。ほかの動物とケンカをしたり、木をなぎ倒したりします。そしてなぜか、こめかみから**においのする汁**が大量に出て、顔がびちゃびちゃになります。

凶暴化するのは、**男性ホルモンの量がふだんの50倍**にも

なるため。男性ホルモンは体内でつくられる化学物質で、増えると攻撃的になります。

マスト状態になったオスは、うんこを投げてくることもあります。なぞの汁が出ているゾウには近づかないことです。

プロフィール

ほ乳類

- **名前**／アジアゾウ
- **生息地**／インド、東南アジアの森林や草原
- **大きさ**／体長6m
- **とくちょう**／メスと子どもは10～40頭のむれでくらす

シロイルカのジャンプは低すぎる

シロイルカは、ちょっと個性的なイルカです。

体は完全に真っ白。これは氷の多い海でくらしているからで、**敵に見つかりにくい保護色**となっていると考えられます。

また、**唇の両端がわずかに上がっているので**、いつも笑っているような顔をしています。そしてなぜか背ビレがありません。

またイルカといえば大ジャンプが得意技ですが、シロイルカは**全力でジャンプしても水面から半身がぬるっと出るだけ**。水しぶきもたてずに静かにしずんでいきます。ショーとしては迫力にかけますが、本人はニコニコしているのでオーケーです。

プロフィール

ほ乳類

- **名前**／シロイルカ
- **生息地**／北極やその周辺の海
- **大きさ**／全長3.8m
- **とくちょう**／おでこにメロンとよばれる脂肪のかたまりがある

Q ナナホシテントウの血は何色？

➡答えは66ページ

ボンゴの角は りっぱだけどじゃま

ボンゴの角は、とても大きくてりっぱです。長いものになると1mを超えます。

これだけりっぱな角があれば肉食獣とも戦えそうですが、ボンゴは**とってもこわがりな動物**。人や動物の足音が聞こえただけですぐに森の中に逃げて、姿を消してしまうため**「森の魔術師」**ともいわれます。

ただし、そのまま森の中を走ると、大きな角が木の枝にひっかかってしまいます。そのため、森の中を走るときは、**角が背中につくくらい首をそらして、下目づかいでかけぬけます**。

マンガの魔術のようにかんたんには姿を消せないようです。

プロフィール

ほ乳類

- **名前**／ボンゴ
- **生息地**／アフリカ中央部の熱帯林
- **大きさ**／体長2.1m
- **とくちょう**／背中に白いしま模様が9～15本ある

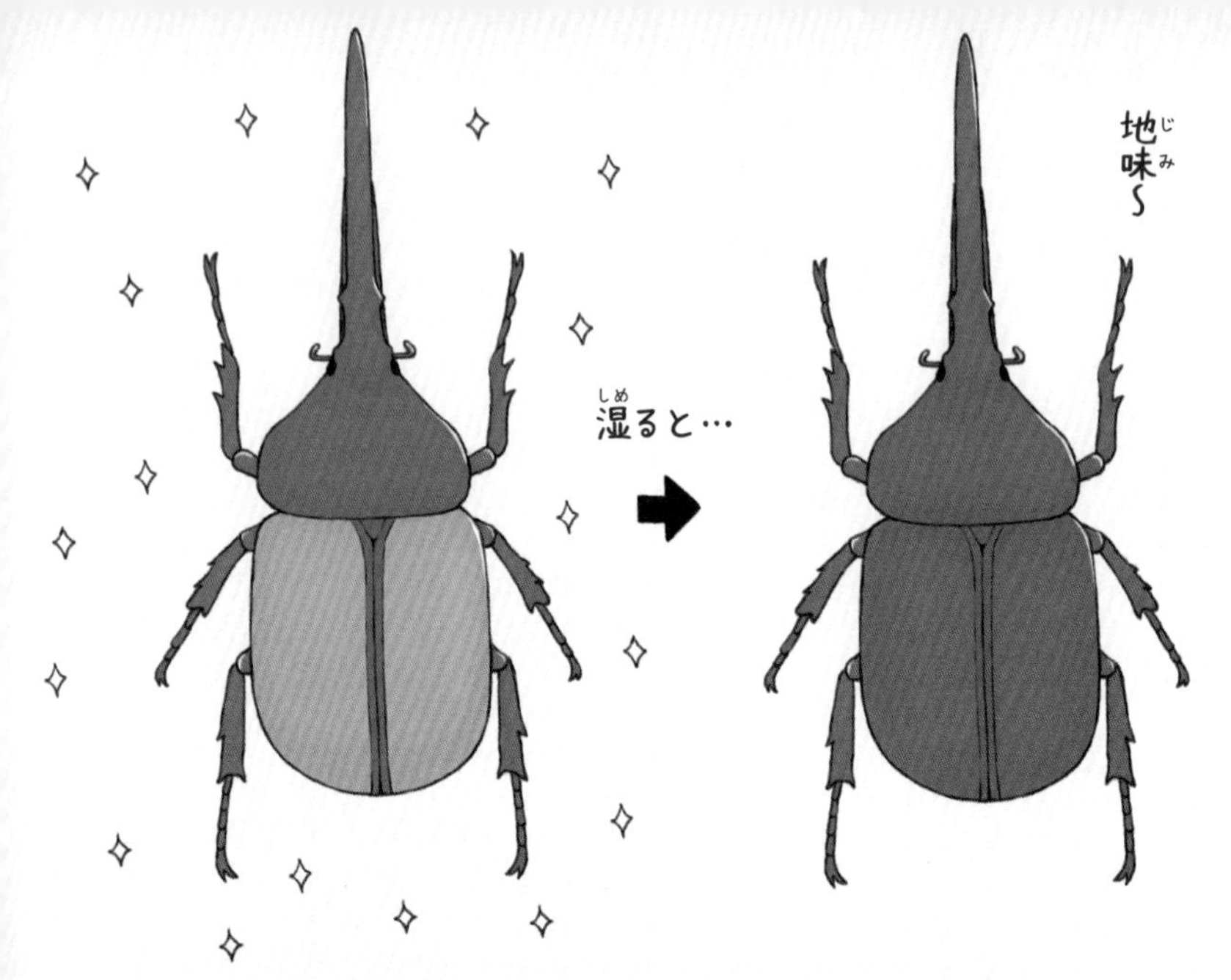

ヘラクレスオオカブトは湿ると地味になる

ヘラクレスオオカブトは、**世界でいちばん大きなカブトムシ**です。オスは巨大な角をもち、**背中は黄金色**に輝いていて、「カブトムシの王様」とよぶにふさわしい姿をしています。

そんなかっこいいヘラクレスオオカブトですが、**体がぬれると地味**になります。背中の羽には細かい穴やみぞがたくさんあり、そこに水が染みこむと**羽の色が黒くなる**のです。

ぬれると羽の色が変わるのは、日がしずんでじめじめする夜や深いしげみの中では、黒いほうが目立たず、敵に見つかりにくくなるためです。王様なのに、意外とコソコソしています。

プロフィール

昆虫類

■**名前**／ヘラクレスオオカブト
■**生息地**／中央アメリカから南アメリカの森林
■**大きさ**／体長11.2㎝（オス）
■**とくちょう**／自分で樹皮をけずって出てきた樹液をなめる

A 64ページの答え→　黄色

ゴキブリは昼間、記憶力がガタ落ちする

ゴキブリは**3億年ものあいだ、絶滅せずに生き抜いてきました。**その理由のひとつには、**高い学習能力**があります。

ある研究者が「良い香りがするまずいエサ」と「いやな香りがするおいしいエサ」の2つをゴキブリに与える実験をしました。

するとかれらは、最初は良い香りのするエサに飛びつきます。ところが次第に、**いやな香りのするエサのほうがおいしいことを覚え**、最後はそちらばかり食べるようになるのです。

ただし、**この頭の良さが発揮されるのは夜限定。**同じ実験を昼間にやっても、なぜか香りと味の関係を覚えられません。

プロフィール

昆虫類

- **名前**／クロゴキブリ
- **生息地**／本州から沖縄の家の中
- **大きさ**／体長2.8㎝
- **とくちょう**／油で体が光ってみえるので、アブラムシともよばれる

ブチハイエナのリーダーは負けると下っぱになる

　ブチハイエナのむれでは、オスよりメスが力をもちます。
　さらにメンバーには、**1位から最下位まで順位**がつけられていて、この順位は子どもにそのまま引き継がれます。つまり、うまれる前からむれの中での身分が決まっているのです。
　しかしごくまれに、順位が低いメスがリーダーに戦いをいどむことがあります。見事リーダーに勝てば、**勝ったメ**

Q カクレガメはどこで息をする？

→答えは70ページ

第2位
いつかリーダーの座をうばってやる
最下位（元リーダー）
このわたしが最下位なんて…

スが新しいリーダーになります。いっぽうで、負けた元リーダーは、ナンバー2ではなく、**一気にむれの最下位**に転落。これまで最初に食べていたえものの肉も、残り物にしかありつけません。

プロフィール

ほ乳類

- **名前**／ブチハイエナ
- **生息地**／アフリカのサバンナ
- **大きさ**／体長1.4m
- **とくちょう**／大きなえものも集団で狩る

リュウグウノツカイは自分の体を切ってすてる

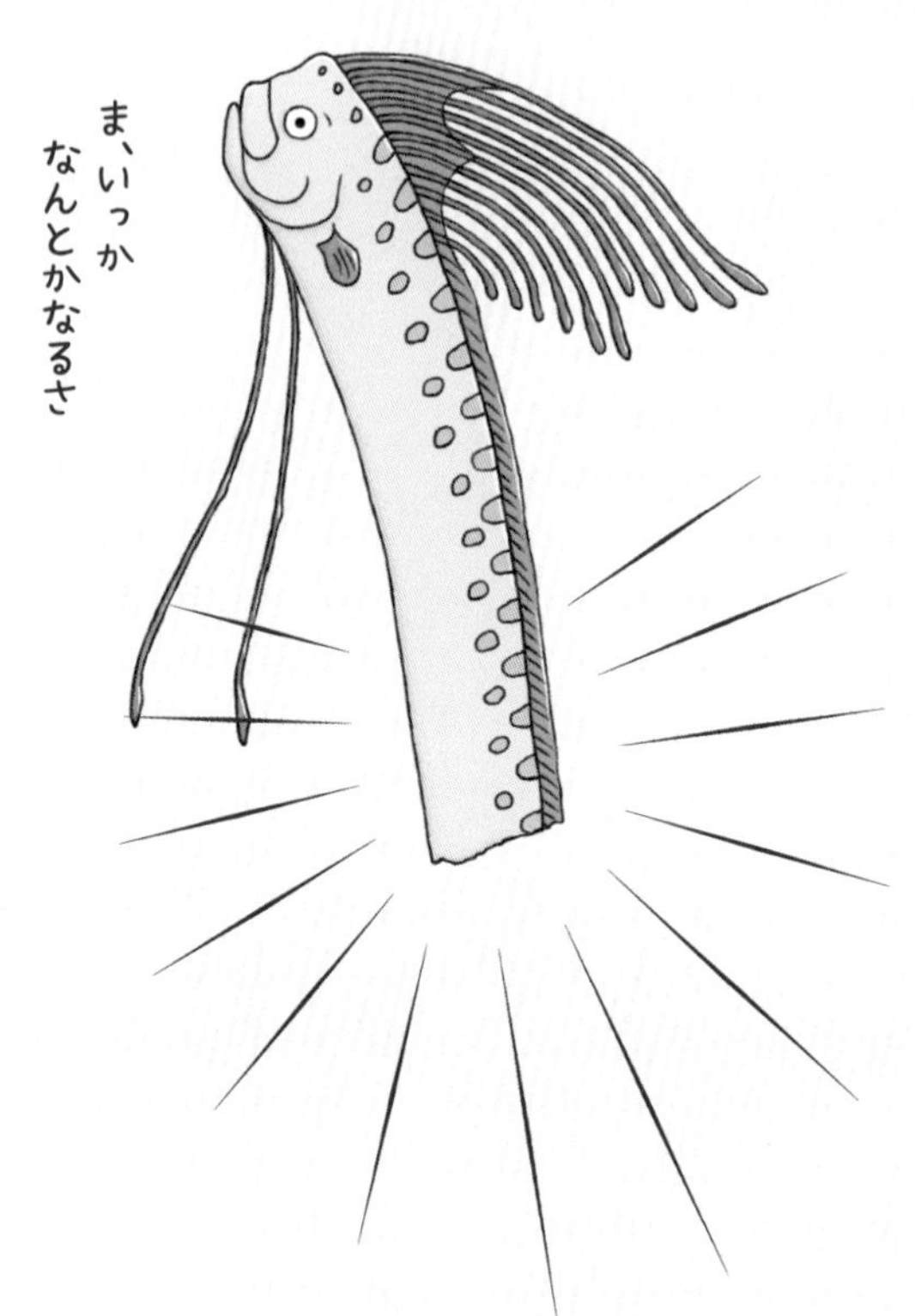

ざんねん度

リュウグウノツカイは、自分で体の後ろ半分を切る**「自切」をする魚**として知られています。トカゲなどと同様に敵がおどろいているあいだに逃げるのです。

ところがリュウグウノツカイは、**栄養が足りなくなったとき**も自分で体をちょん切ります。全長6mの大きな体を保つためには、たくさん栄養が必要です。そのため食べ物が見つからないときに、「こんなに体いらんかったわ」と**後ろ半分を切りすてて栄養を節約**するのです。

ただし、自切しても、トカゲの尾のように**再生することはありません**。なぜ最初から小さくうまれなかったのでしょうか。

プロフィール

硬骨魚類

- **名前**／リュウグウノツカイ
- **生息地**／世界中の海
- **大きさ**／全長6m
- **とくちょう**／巨大だが、食べるのはオキアミなどのプランクトン

オオムラサキはとにかくなんでも追いかける

　チョウは、蜜のある花とない花を「色」で見分けています。じつは**紫外線という光を当てると、花の蜜は緑色に見えます**。紫外線が見られるチョウは、花の中心が緑色に見えるかどうかで、蜜の有無を見分けているのです。

　いっぽうで、視力自体はあまり良くありません。種類によっては**視力が0・02くらい**しかなく、人間でいうと超近眼です。

　とくにオオムラサキは、**自分のなわばりに入ってきたものをなんでも「敵だ！」とかんちがいして追いかけます**。そのためうっかり天敵の鳥を追いかけてしまい、あっけなく食べられてしまうこともあります。

プロフィール

昆虫類

- ■**名前**／オオムラサキ
- ■**生息地**／東アジアの森林など
- ■**大きさ**／前羽の長さ5.5㎝
- ■**とくちょう**／羽ばたくときは「バサッバサッ」と大きな音を立てる

生き物が聞く音

多くの生き物が、危険に気づいたり、なかまとコミュニケーションをとったりするのに、音を使います。人間ももちろん、音からさまざまな情報を得ますが、人間が聞いている音と、ほかの生き物が聞いている音は同じなのでしょうか。生き物たちが聞いている音を見てみましょう。

ゾウの耳は役立たず

ゾウには大きな耳がありますが、低い音は地面を伝わる振動を足の裏で聞いています。

フクロウは左右の耳で音がズレて聞こえる

フクロウの左右の耳は上下にズレているので、左右の耳で音がズレて聞こえます。このおかげで、音がした場所を正確に知ることができます。

あれ…
音が…
おくれて聞こえるぞ…

コウモリは自分の声がうるさすぎて耳をふさぐ

コウモリは人間に聞こえない声（超音波）を出して物の位置を知ります。声が大きいので、声を出す瞬間に耳の中の骨をズラして音を聞こえなくします。

われながら
やかましい

セミはなかまの声しか聞こえない

セミは、自分と同じ種類のセミの鳴き声しか聞こえません。実験で大砲を撃っても音に気づかなかったといいます。

ヘビは耳がないのに耳が良い

ヘビには外についた耳や耳の穴がありません。それでも音を脳に伝える器官は発達していて、全身で音を感じることができます。

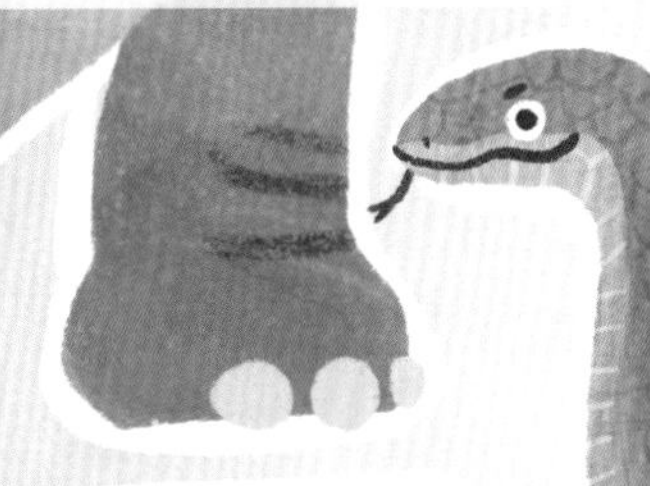

サーバルは耳が良すぎてえものに逃げられる

土の中のネズミが出すかすかな音を聞いて狩りをしますが、風など自然の音にじゃまされてえものに逃げられることがあります。

そもそも耳ってなんですか？

ねん

この章では、
生き物たちをじっと観察した結果見つけた
なんだかざんねんで
ふしぎな生態をお届けします。

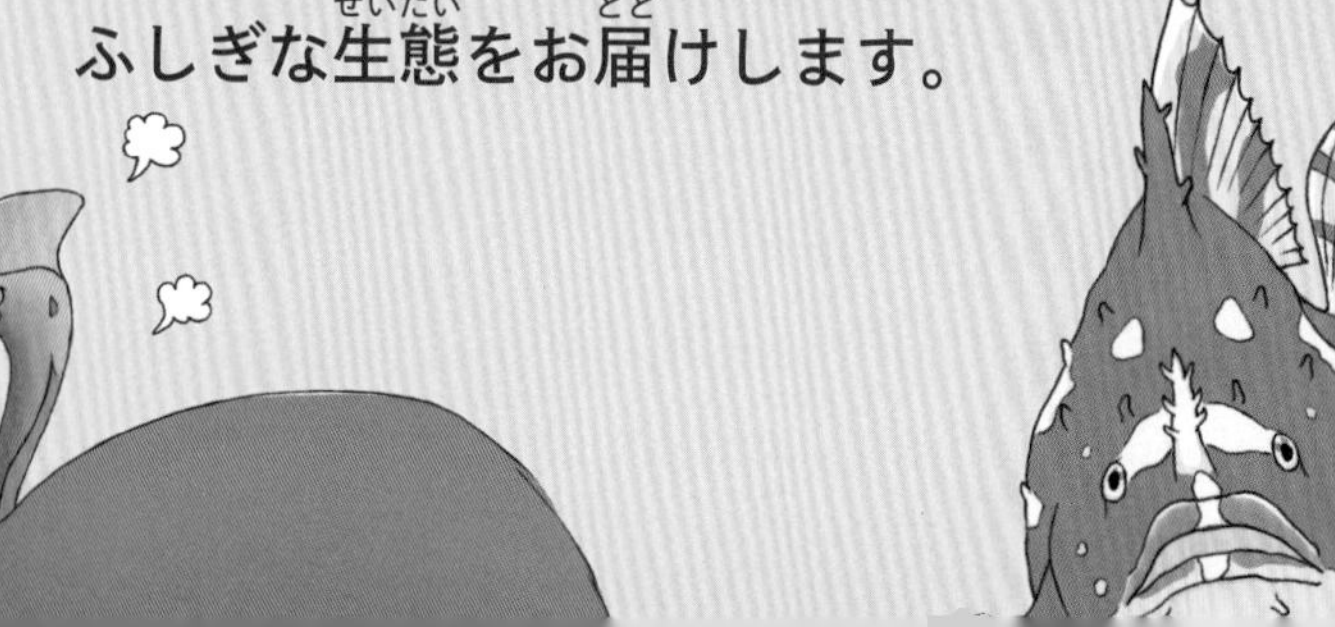

第4章

よく見るとざん

パラパラ劇場

プロポーズしたのにフラれちゃった!?
ヒクイドリのメスがとった行動は……

オオツノコクヌストモドキのオスは勝っても意味がない

ざんねん度

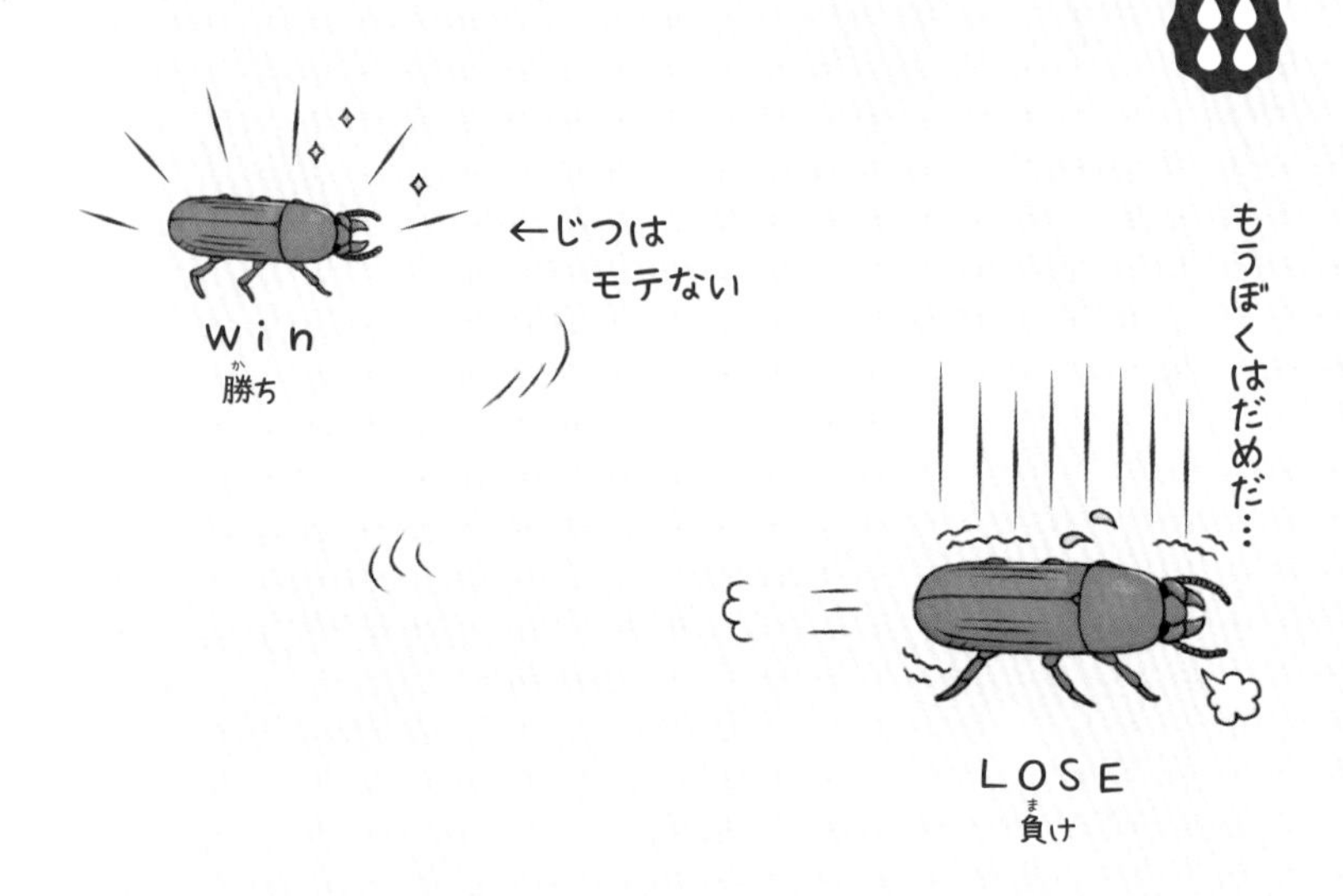

自然界では、オス同士がメスをめぐって戦うことがよくあります。勝ったオスはメスと子どもをつくり、負けたオスは去る。きびしいですが、**強い子孫を残すため**には必要なことです。

でも「それって本当ですか？」と、真面目に戦うのをあざ笑う昆虫がいます。オオツノコクヌストモドキです。

かれらは一度戦いに負けると、その後**4日間は逃げまくります。**しかし、なぜか**逃げたほうがメスにモテます**。さらに大きなあごをもつオスよりも、**足でメスの背中をたたくのがうまいオスのほうがモテる**のです。大きな声で「どういうことやねん」です。

プロフィール

昆虫類

- **名前**／オオツノコクヌストモドキ
- **生息地**／西日本の穀物貯蔵庫など
- **大きさ**／体長5㎜
- **とくちょう**／幼虫のときの栄養状態によって、大あごのサイズが変わる

→答えは78ページ

キタゾウアザラシは本当は寝たいのに眠れない

日本人の1日の平均睡眠時間は7時間前後です。いっぽうキタゾウアザラシは、海中で過ごしている期間は、**1日に合計2時間くらいしか眠れません。**

その理由は、とくしゅな睡眠方法にあります。かれらは寝ているあいだ、敵におそわれないように、海面近くから海底にむかってしずみながら眠ります。**1回に眠れるのはわずか20分。**少し眠ると、再び海面に上がり、またしずみながら眠ります。

しかし、短時間睡眠ではやはりつらいのでしょうか。陸に上がっている期間は、**1日に10時間以上**も気持ち良さそうに超爆睡しています。

プロフィール

ほ乳類

- **名前**／キタゾウアザラシ
- **生息地**／北太平洋東部と北部の沿岸
- **大きさ**／体長5m（オス）
- **とくちょう**／繁殖期以外はずっと海で過ごす

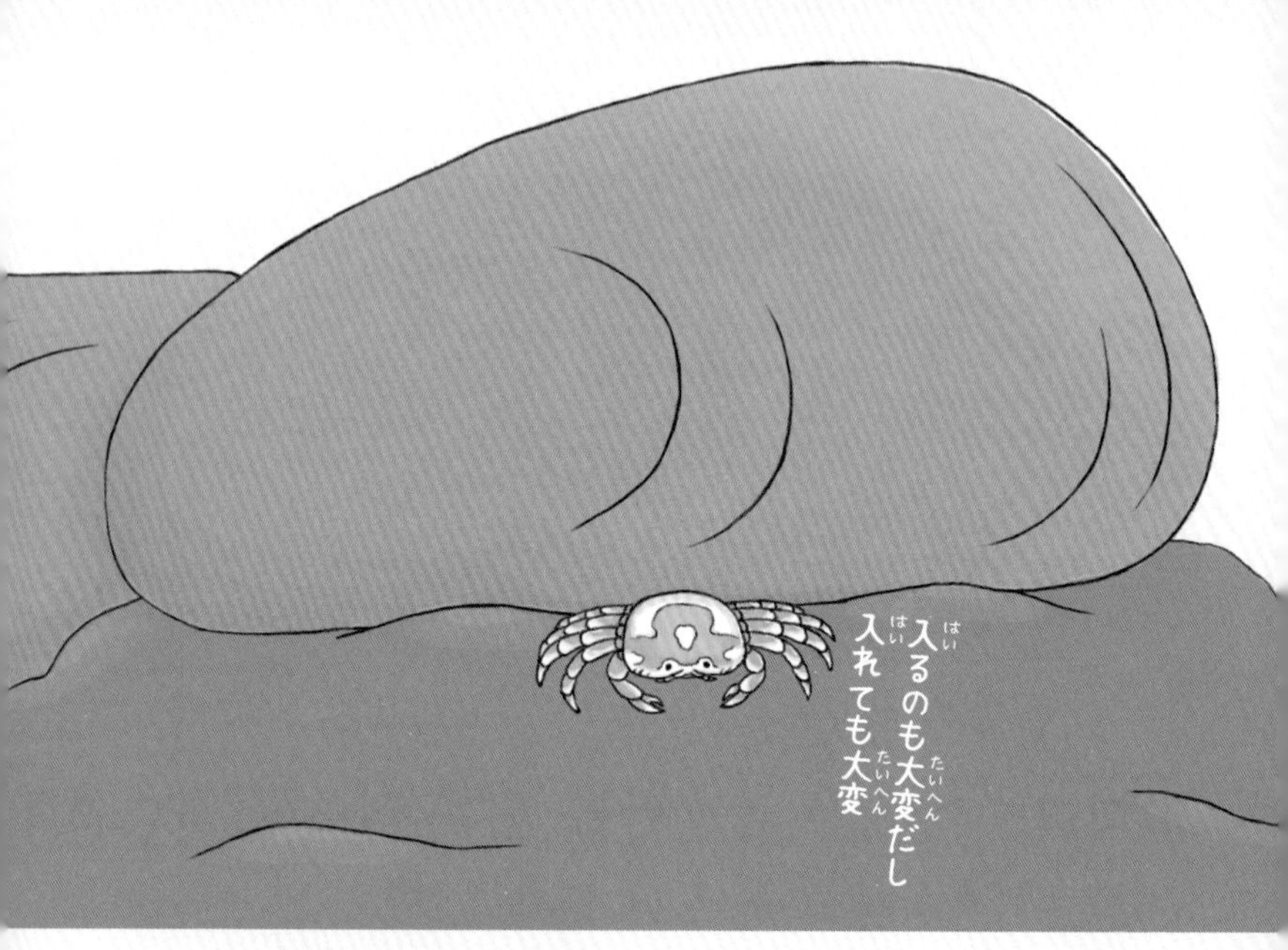

カクレガニは貝に押しつぶされて死ぬ

カクレガニは、その名のとおり貝の中にかくれるカニです。

オスは子づくりの時期になると、メスがかくれている貝を**最長4時間もくすぐり続けます**。

同じ場所をくすぐり続けることで**貝の感覚をマヒ**させ、そのすきに中にかくれているメスガニに会って子どもをつくるのです。

しかし、オスが貝に入るのはもはやデスゲーム。貝は少しでも危険を感じると**一瞬で口を閉じます**。

そのため、くすぐり方がヘタなオスガニは、中に入ろうとした瞬間「どちらさんですか?」と怪しまれ、貝の口に体をはさまれて死ぬこともあるのです。

プロフィール

甲殻類

- **名前**／ニュージーランドカクレガニ
- **生息地**／ニュージーランドの湾内や岸壁
- **大きさ**／こうらのはば1cm
- **とくちょう**／メスのこうらは白くてやわらかい

A 76ページの答え→ 戦いをいどむ

シロアリはボールペンに導かれるままに歩く

ざんねん度

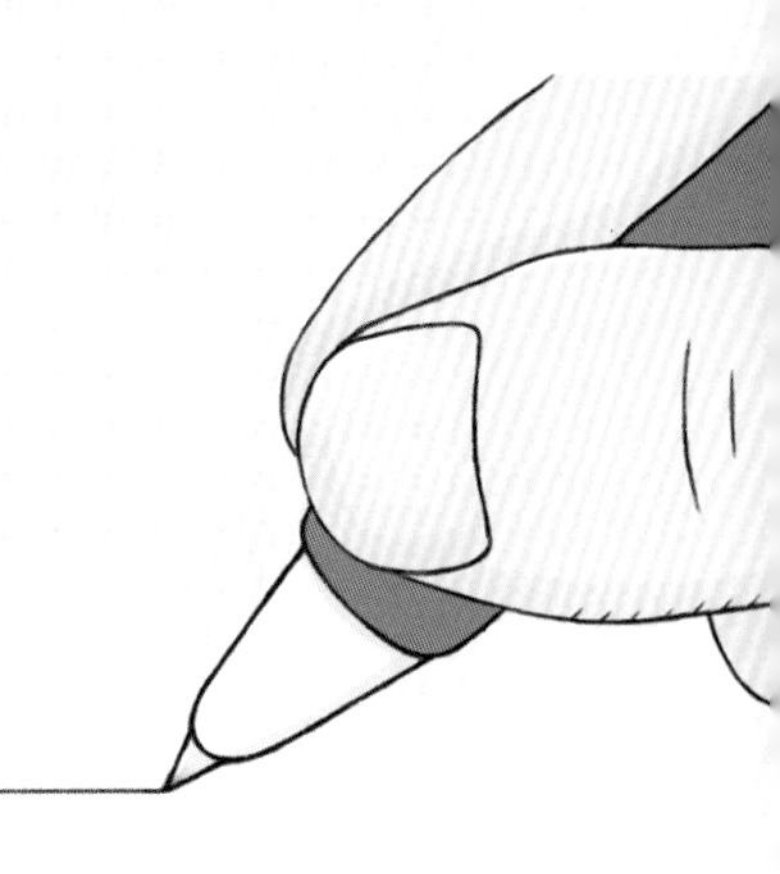

シロアリは、**数万〜100万匹もの集団**で生活しています。朽ちた木材を食べるため、木造の柱を食い荒らす害虫としてきらわれている種もいます。

でも、ほんの少しの数なら、ボールペン1本で家から追い出せるかもしれません。じつはシロアリは、**ボールペンで引いた線の上をなぞるように歩きます。**

もともとかれらは1列になって歩きます。これは前を歩くシロアリが「**道しるべフェロモン**」というにおいを地面につけているから。ボールペンのインクには、似た成分がふくまれているため、「この先になかまがいる！」とかんちがいしてしまうのです。

プロフィール

昆虫類

■**名前**／ヤマトシロアリ
■**生息地**／北海道南部から九州の森林など
■**大きさ**／体長5mm（兵隊アリ）
■**とくちょう**／名前にアリとつくが、ゴキブリに近い昆虫

ヒクイドリのメスはフラれると怒り狂ってオスを追いかけ回す

ちょっと男子！
待ちなさいよ！

ざんねん度

ヒクイドリは、飛べないかわりに**時速50kmで走れる**大型の鳥です。しかも鳥なのに、泳ぐこともできます。

その能力がいかんなく発揮されるのが、プロポーズ。

ヒクイドリは、メスがオスに求愛します。オスはその気がないと水の中に逃げこみますが、**メスは気にせず水中まで追いかけてきます。**そして最後はオスを**浅瀬まで追いこみ**、「どうすんじゃい！」と

頭を振るのです。

オスは「これが本物の愛?」と感じてしまうのか、最後は折れて子どもをつくります。しかしメスは卵をうむとどこかに消えて、いっさい子育てはしません。

プロフィール

鳥類

■**名前**／ミナミヒクイドリ

■**生息地**／オーストラリア北部、ニューギニアの森

■**大きさ**／頭までの高さ1.9m

■**とくちょう**／強い脚力とするどい爪をもち、キックが非常に強力

北にはロマンがある冒険だ！

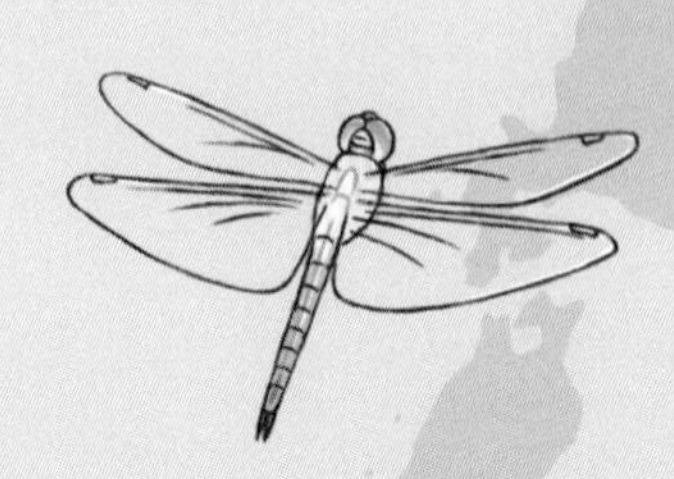

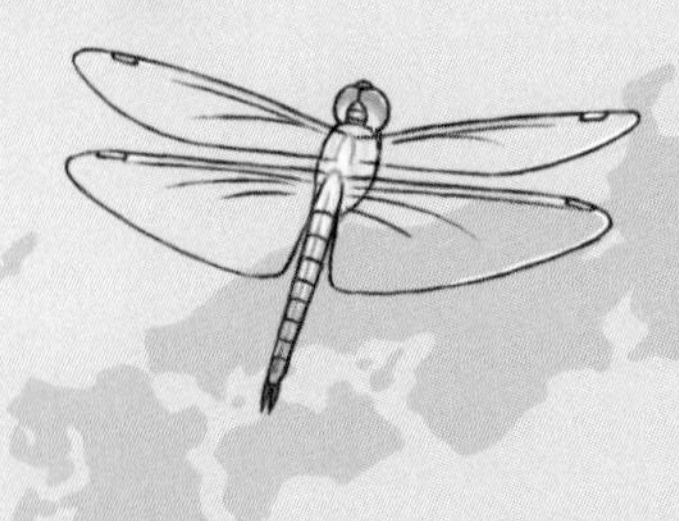

ウスバキトンボは寒さに弱いのに北へ行きたがる

ウスバキトンボは、世界中のあたたかい地域にいる中型のトンボです。このトンボは**風に乗って数千kmも移動する**ことができ、日本には毎年4月ごろに南の国から大群でやってきます。

長い距離を移動しながら生活するのは、そのほうが子どもをうみ育てやすいから。むれが大きくなっても**新しい場所に行けば、新しい食べ物や産卵場所が手に入る**というわけです。

ところがウスバキトンボは、**日本が縦に長いことを知りません**。産卵場所である田んぼを求めて移動すると、自然と北へ北へと進むことになり、最後は寒さで全滅してしまいます。

プロフィール

昆虫類

■**名前**／ウスバキトンボ

■**生息地**／全世界の熱帯・温帯の水辺など

■**大きさ**／体長4.5㎝

■**とくちょう**／日本では沖縄の一部でのみ幼虫が冬を越す

ツマグロオオヨコバイはおしっこが止まらない

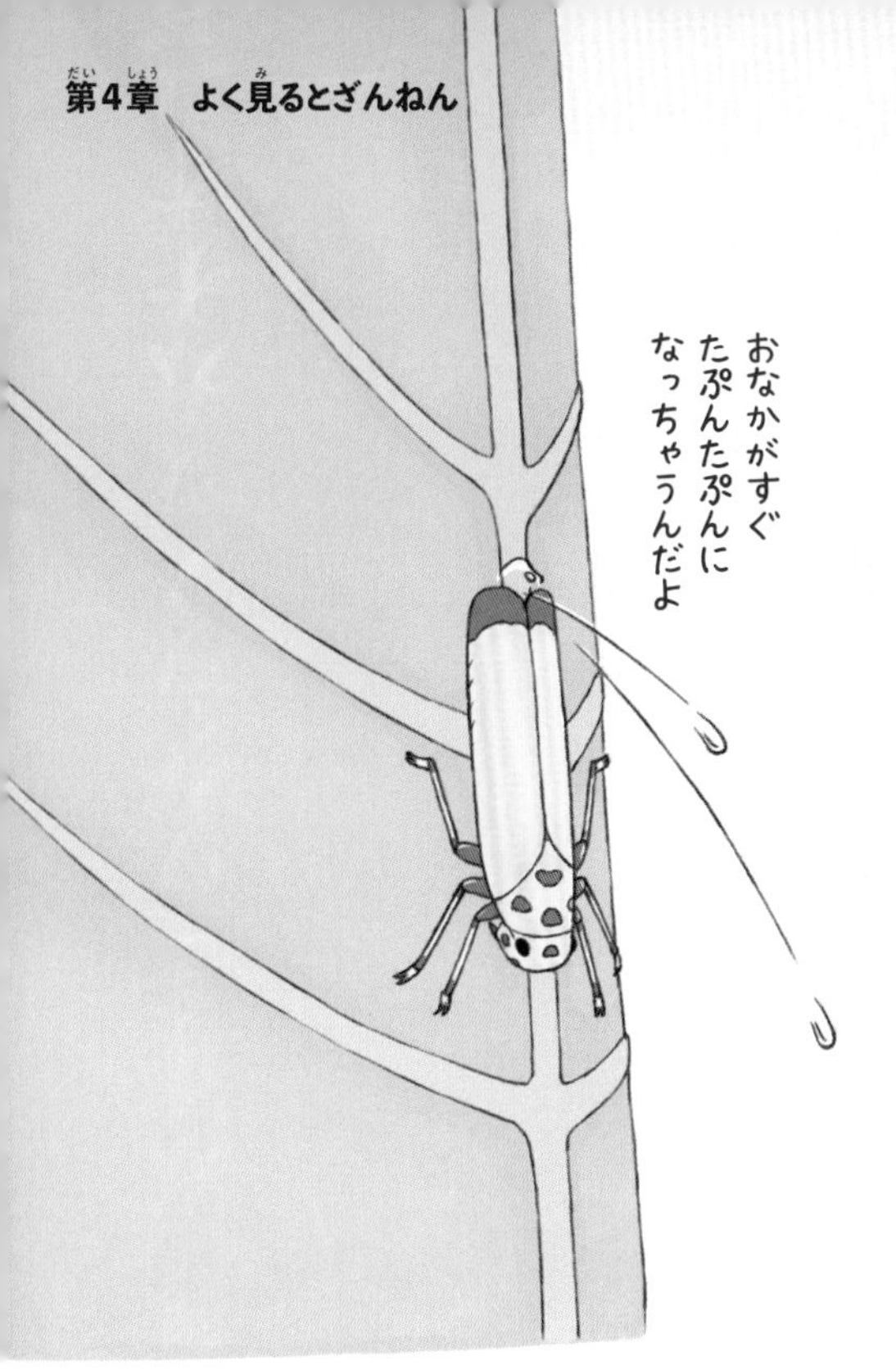

ツマグロオオヨコバイは、カメムシのなかまです。危険を感じると、**カニのように横に歩いて**葉の裏にかくれることから「ヨコバイ」とよばれます。

ヨコバイはストローのような口をさして草や木の汁を飲みます。ただし**汁の栄養はわずか**で、**95%は水分**。すぐに水でおなかがいっぱいになってしまいます。

そこで水分を抜くため、かれらは**4～5秒に1回のペースでおしっこ**をします。1日に自分の体重の300倍ものおしっこをするというからおどろきです。

ちなみに、おしっこは水滴のようなつぶの形で、おしりの先からピンピンと飛ばします。

プロフィール

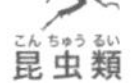

昆虫類

- ■**名前**／ツマグロオオヨコバイ
- ■**生息地**／本州、四国、九州の林など
- ■**大きさ**／体長1.3㎝
- ■**とくちょう**／黄緑色の長細い形から「バナナ虫」ともよばれる

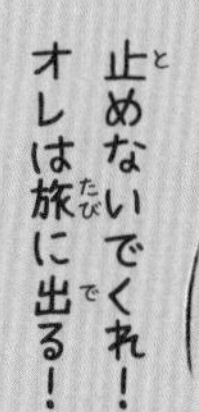

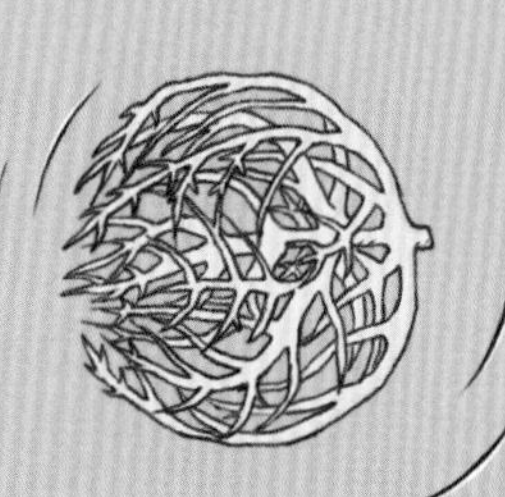

オカヒジキは秋になると転がりながら旅に出る

昔のアメリカ映画を見ると、荒野を丸いタワシのようなものがコロコロと転がっている場面を目にすることがあります。

これはオカヒジキという植物のなかま。ほかの多くの草と同じように地面から芽を出しますが、秋になると**風で茎がぽっきりと折れて**転がり始めます。

一度転がり始めたオカヒジキはもう止められません。転がりながら大量の種をばらまきます。さらに転がりながら、ほかのオカヒジキと**合体して巨大化**することもあります。

アメリカでは**転がってきたオカヒジキで家が埋もれてしまう**こともあるのだそうです。

プロフィール

植物

■**名前**／ハリヒジキ

■**原産地**／ヨーロッパ南部から中央アジアの乾燥地帯

■**大きさ**／直径1.8m

■**とくちょう**／英語では「タンブルウィード（転がる草）」とよばれることもある

Q ネコは魚が大好き。○か×か。

→答えは86ページ

アワビの顔はこわすぎる

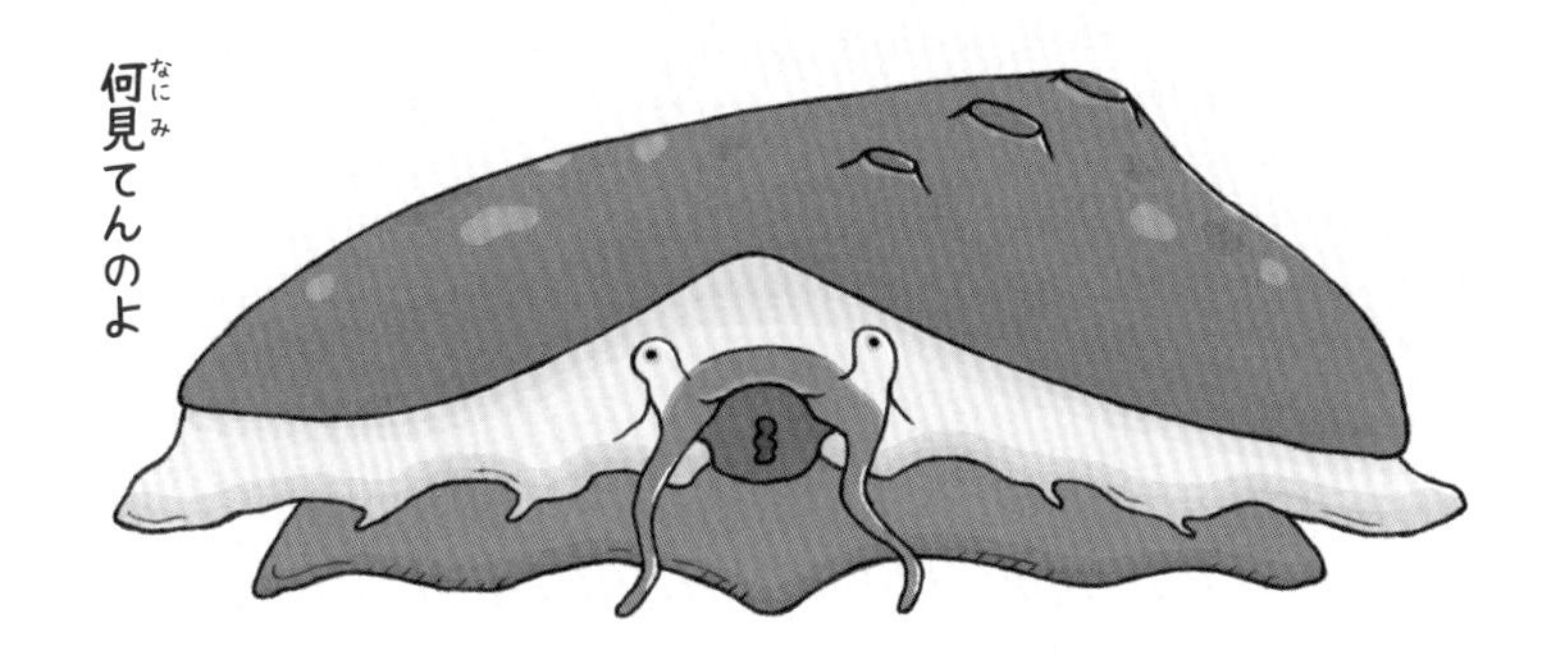

アワビにあって、ホタテガイにはないもの。それは顔です。

アワビは、カタツムリやタニシと同じ巻貝のなかま。ホタテガイなどの二枚貝とは違い、**巻貝には顔があるのがとくちょう**です。アワビも殻の内側に目と口があり、歩くときは**2本の触角をにゅーっとのばして**海底を進みます。

その顔にサメのような迫力はありませんが、気に入った相手は何時間もじっ……と見つめてきそうなおそろしさを感じます。

ただし**視力はあまりよくなく、**ぼんやりと形がわかるくらい。夜行性なので、昼間は岩のすきまにじっとかくれています。

プロフィール

腹足類

- **名前**／クロアワビ
- **生息地**／東アジアの浅い海
- **大きさ**／殻の直径20㎝
- **とくちょう**／不老長寿の薬として大切にされた

ハナオコゼは爆速で食べて死ぬ

ハナオコゼは「エスカ」というにせもののえものを垂らし、小魚をおびき寄せて食べます。

しかし、**ハナオコゼのエスカは小さく役に立ちません。**それでもかれらがごはんにありつけるのは、爆速で吸いこむからです。

ハナオコゼは口の開け閉めの速度が速く、かかる時間は0・007秒といわれます。すごい勢いで口を開き海水とともに小魚も吸いこむというワケです。

しかし爆速に自信がありすぎるのか、たまに**自分よりも大きな魚にいどんでしまうことも**あるようです。口に収まってから気づいても時すでにおそし。**消化できずに死ぬ**こともあります。

プロフィール

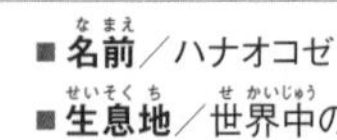

硬骨魚類

- ■**名前**／ハナオコゼ
- ■**生息地**／世界中のあたたかい海
- ■**大きさ**／全長15㎝
- ■**とくちょう**／海面に浮いた海藻の中にまぎれていることが多い

メダカは一生おなかいっぱいになれない

ざんねん度 MAX

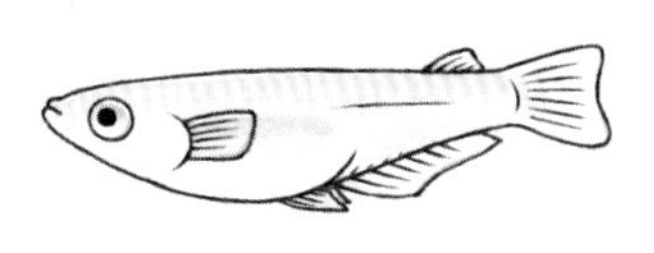

観賞魚として人気の高いメダカですが、その死因の多くは「消化不良」。消化不良になると**白いフンを出し**、病気になる危険性が高くなります。

消化不良を起こすいちばんの原因は、**ごはんの食べすぎ**です。じつは、メダカには**胃がなく**、食べ物は食道を通ったあと直接腸に届きます。そのため、どれだけ食べてもおなかがいっぱいになった感覚がなく、**限界を超えて食べてしまう**ようです。

食べすぎて便秘になると、おなかがふくらんでひっくり返ってしまうことも。愛情を注ぎすぎると、逆にメダカの命をちぢめてしまうこともあるのです。

プロフィール

硬骨魚類

- **名前**／ミナミメダカ
- **生息地**／本州から沖縄の川や水田
- **大きさ**／全長3㎝
- **とくちょう**／海の水と川の水がまざり合う場所にもすめる

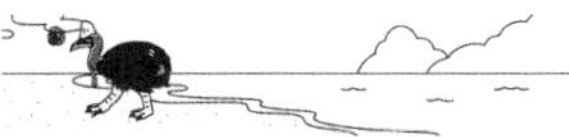

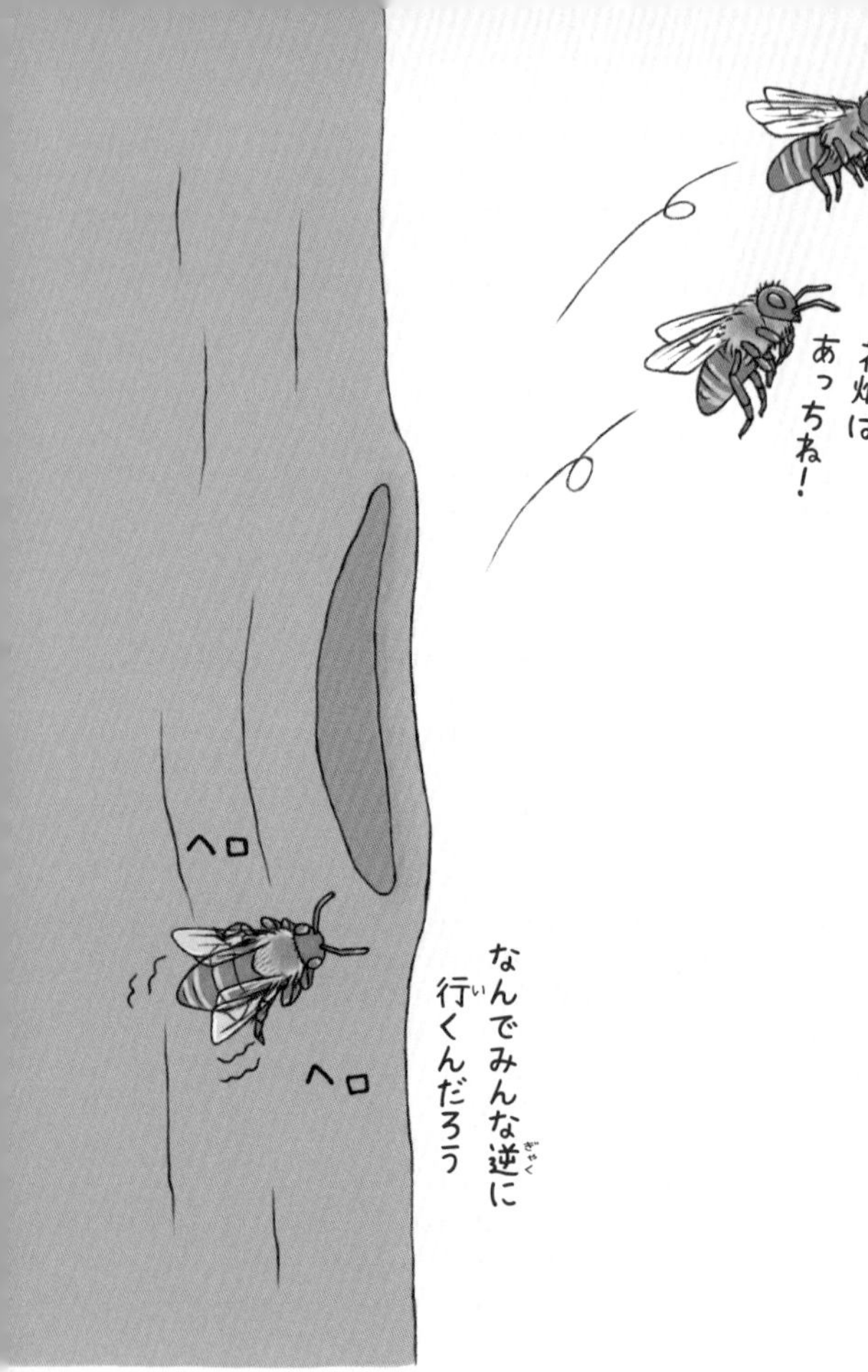

ミツバチは睡眠不足だと仕事が雑になる

ざんねん度

ミツバチは、蜜や花粉がたくさんとれる花畑を見つけると、巣に帰ってなかまに場所を知らせます。「**しり振りダンス**」をおどって、方向と距離を伝えるのです。

このミツバチのダンスは、**体のむきで食べ物の方向を、ダンスの長さで距離**を正確に伝えることができます。

ところが**寝不足のミツバチは、ダンスが雑**になり、うまく食べ物の場所を伝えられな

くなることが研究でわかっています。

外を飛び回る働きバチは、巣のメンバーの中でも**年をとったおばあちゃん**です。よけいに睡眠不足がこたえるのかもしれません。

プロフィール

昆虫類

■**名前**／セイヨウミツバチ

■**生息地**／南極をのぞく世界中の草原など

■**大きさ**／体長1.3㎝（働きバチ）

■**とくちょう**／ハチミツをとるために日本にもちこまれ、繁殖している

イソギンチャクはクマノミに利用されっぱなし

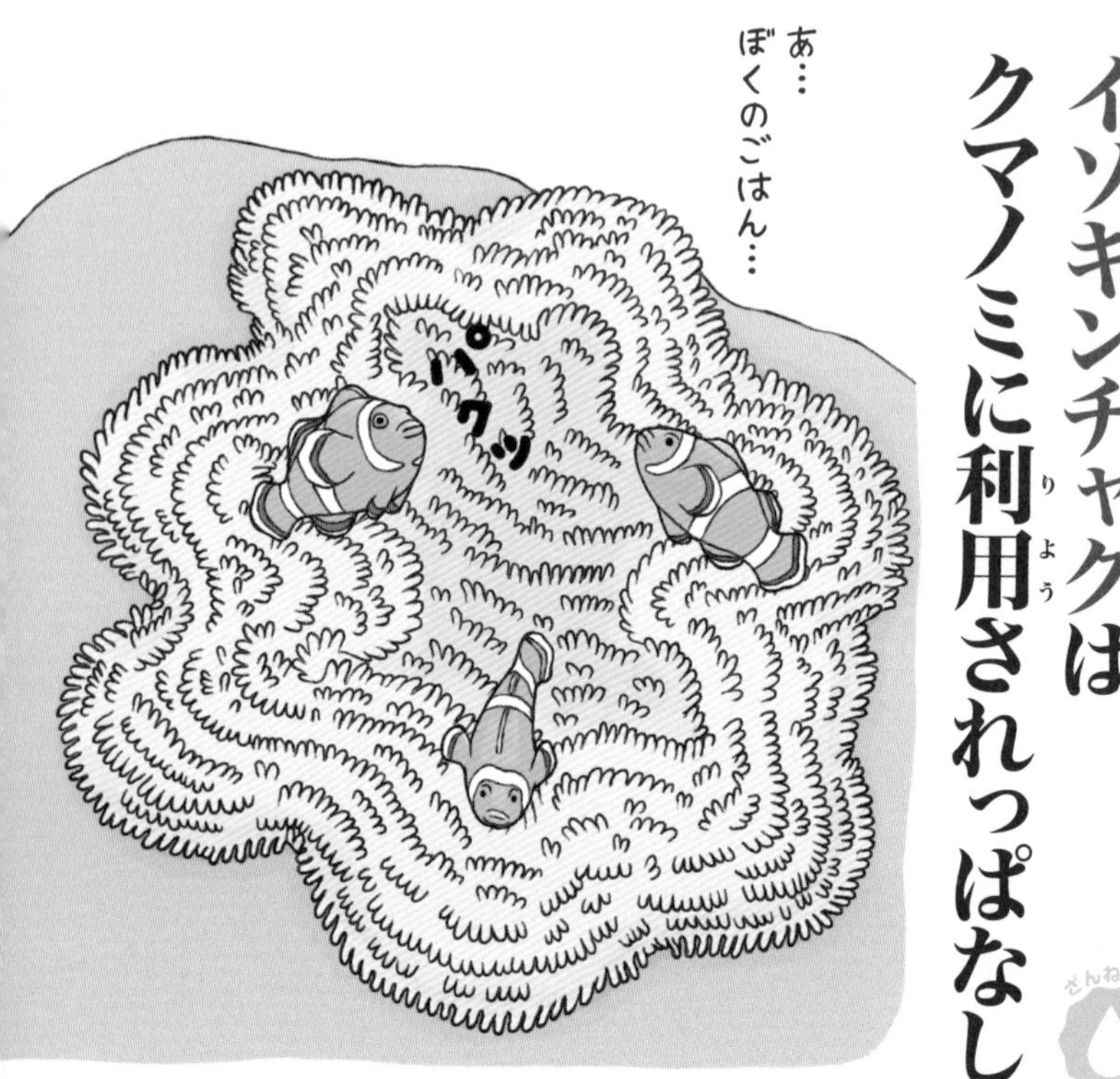

ざんねん度

イソギンチャクは、触手にある毒で魚やエビなどを動けなくして食べてしまいます。でも、クマノミは攻撃しません。クマノミの体は、イソギンチャクと同じ**酸性の粘液でおおわれています**。そのためクマノミを敵や食べ物だと思っていないのです。

イソギンチャクとクマノミは、昔からおたがいを守り合っていると考えられてきました。しかし最近になり、**クマノミはイソギンチャクのえものを横どりし**ていることがわかりました。

なかまだと思っていたクマノミが、じつはタダ飯食いの居候であることに、いつかイソギンチャクは気づくのでしょうか？

プロフィール

花虫類

- **名前**／ハタゴイソギンチャク
- **生息地**／太平洋西部のサンゴがある海
- **大きさ**／直径80㎝
- **とくちょう**／触手の数は多いが、長さはどれも1～2㎝しかない

A 88ページの答え→ 死んでしまう

ジャクソンカメレオンはりっぱな角のせいでごはんが食べにくい

ジャクソンカメレオンには、トリケラトプスのような**3本の角**があります。角はオスのほうが大きく、ほかのオスとなわばり争いをするときなどに使います。

ただ、**戦いのとき以外はじゃまになることも**。たとえば木の幹にくっついているナメクジを食べようとしても、**長い角が幹にあたって口が届かず**スムーズにいかないこともあるようです。

また、いかつい見た目とは裏腹に、ジャクソンカメレオンはとっても心配性。枝の上を歩くときは、「行ける？……やっぱ行けない？」と迷うように、何度も体を前後に動かしながら、一歩ずつ慎重に歩きます。

プロフィール

は虫類

- **名前**／ジャクソンカメレオン
- **生息地**／アフリカのケニアとタンザニアの山地の森林
- **大きさ**／全長25㎝
- **とくちょう**／左右の目が別々に動く

コモドオオトカゲのケンカは休憩が多い

　コモドオオトカゲは、全長3mにもなる巨大な体、ノコギリのようにギザギザの歯、えものをやがて動けなくする雑菌などをもつ地上最強のトカゲです。

　毎年春になると、オスたちはメスをめぐって戦います。イノシシやスイギュウをおそって食べるくらいですから、その戦いぶりはまるで怪獣映画のよう。

　と思いきや、**実際はちょっと戦ったら休憩、お昼も休憩、夜になったら解散**と、体にやさしい戦い方をします。

　いかに強くとも、やはりトカゲ。変温動物であるは虫類は、**暑い日中に長く動くと体温が上がりすぎて死んでしまう**のです。

Q キンムツは1日に何本の歯が抜ける？　➜答えは94ページ

子どもは体にうんこをぬる

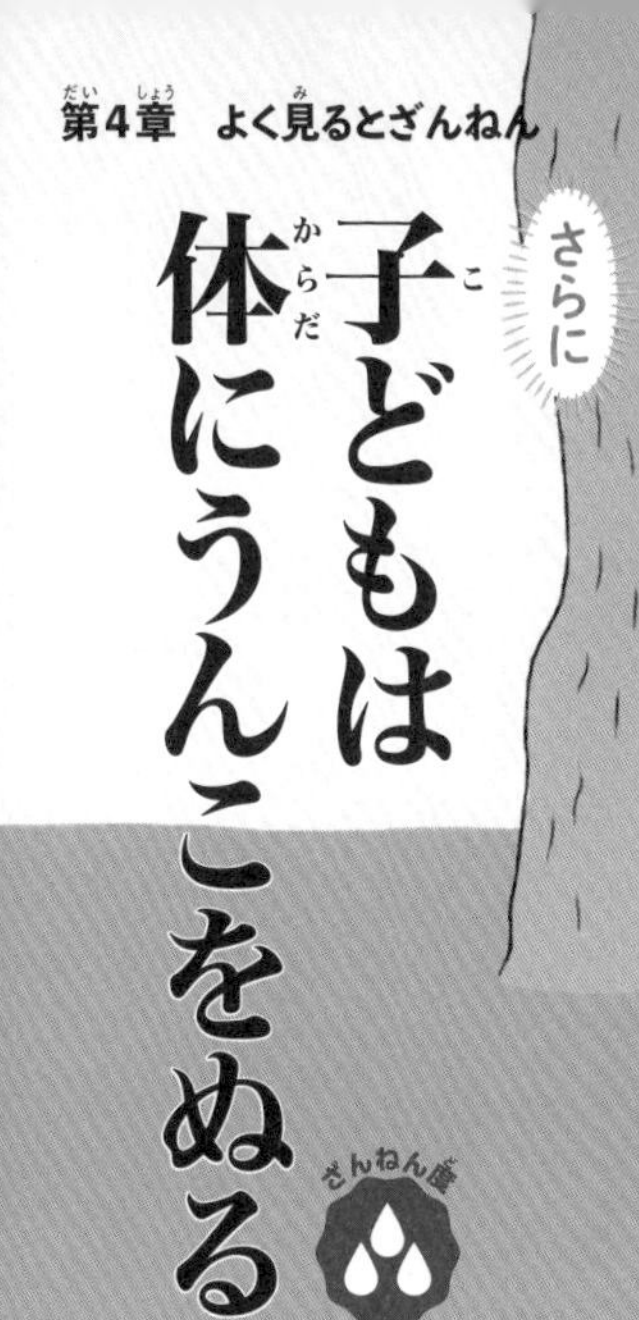

ざんねん度

プロフィール

は虫類

- **名前**／コモドオオトカゲ
- **生息地**／インドネシアのコモド島などの森林
- **大きさ**／全長3m
- **とくちょう**／1回に8～27個もの卵をうむ

さらに、かれらは**何かを食べるとき以外はほとんど動きません。**日中はむだにエネルギーを使わないように寝そべっていて、子育てもいっさいしません。

それどころか、自分たちの子どもを食べてしまうこともあります。**うまれてくる子どもの約10%は、おとなに食べられてしまう**ともいわれています。

そこで子どもたちは、親に食べられないように**ほかの動物のうんこを体にぬりつけます。**さすがにうんこのにおいがする子どもには食欲がわかないようです。また、巨体の親には登れない木の上で生活するなど、子どもたちは身を守るのに必死です。

トゲダニはダニにくっつかれてこまりがち

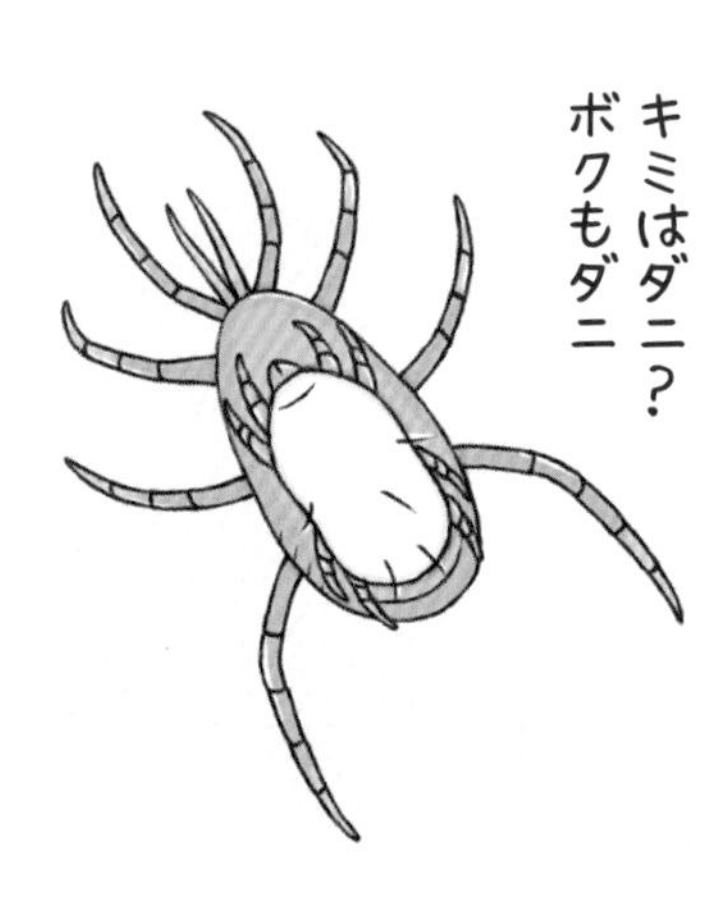

ダニは人のあかや髪の毛を食べますが、害を与えるのはごく一部にすぎません。トゲダニのように、土の中にすみ、人や動物はささず、ほかのダニや菌類などを食べるダニもいます。

そんなトゲダニは、**ダニなのにダニに悩まされる時期があります**。コナダニという小さなダニにおんぶをさせられるのです。

コナダニは、成長の過程で「ヒポプス」という形態に変身し、**吸盤でトゲダニの背中にぴったりとへばりつきます**。たいした害はありませんが、とにかくじゃま。強力にへばりついているので、どんなにがんばってもはがすことはできません。

プロフィール

鋏角類

■**名前**／トゲダニ（総称）
■**生息地**／世界中の森林など
■**大きさ**／体長0.6㎜
■**とくちょう**／卵ではなく、子どもをうむ

A 92ページの答え→　20本

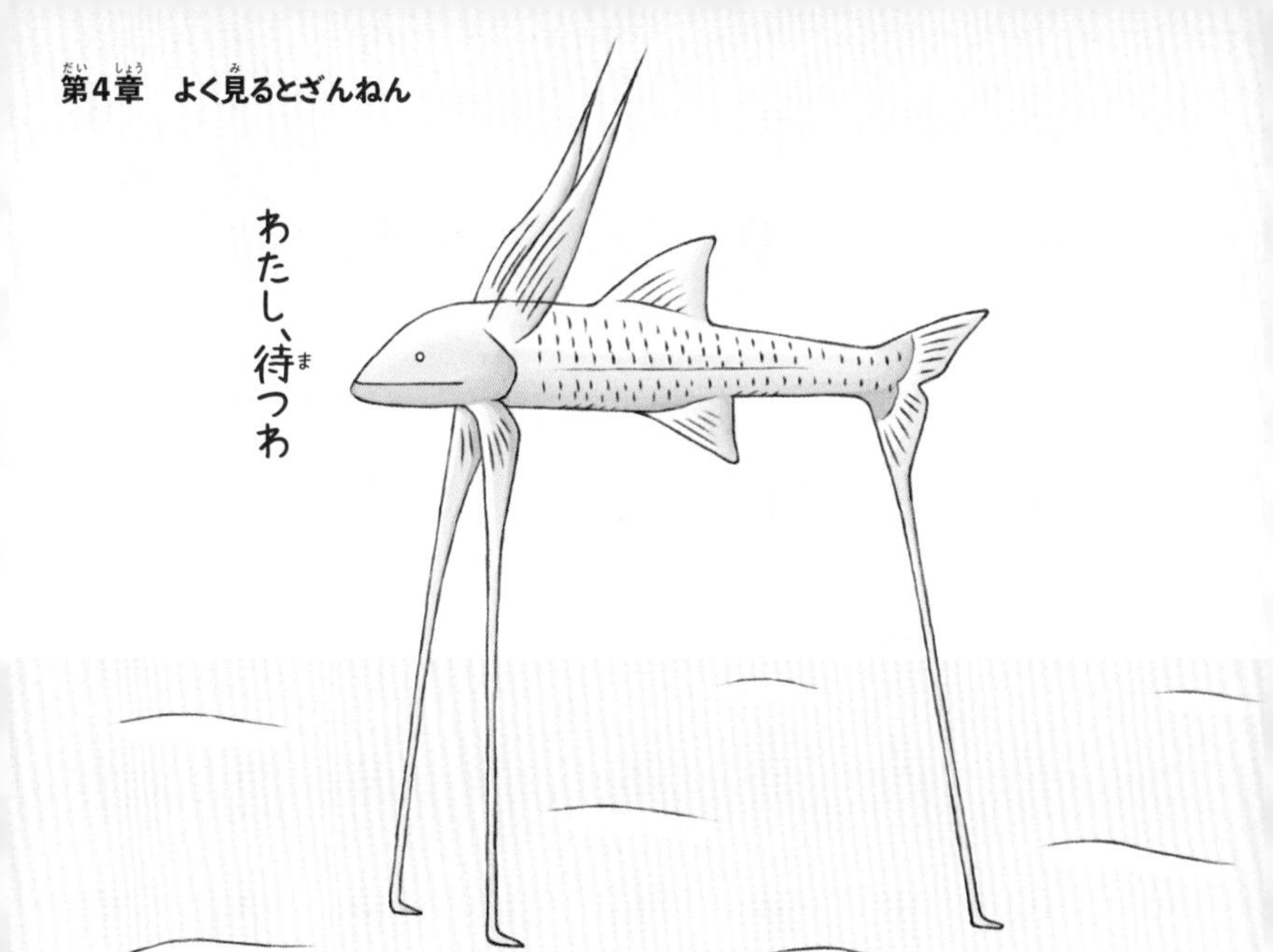

オオイトヒキイワシは待ち方が独特すぎる

オオイトヒキイワシは、いつも深海の底でじっとしています。三脚のようにのびた**2本の腹ビレと1本の尾ビレ**を海底につけて立ちつくしているのです。

かれらは出待ちのファンのごとく、**ひたすらプランクトンが現れるのを待ち続けます。**バンザイするように上に大きく胸ビレを広げ、そこに引っかかったプランクトンを食べるためです。生き物が少ない深海では、えものを追いかけるよりも**待ったほうが効率的**というわけです。

ただ、幼魚のときは元気よく泳ぎ回ってプランクトンを食べます。これがおとなになるということなのかもしれません。

プロフィール

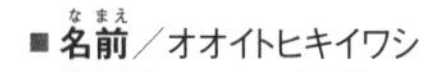

硬骨魚類

- ■**名前**／オオイトヒキイワシ
- ■**生息地**／ハワイ諸島、インド洋、オーストラリア北西岸、大西洋の深海
- ■**大きさ**／全長30cm
- ■**とくちょう**／腹ビレと尾ビレの長さは最大1mある

セイタカアワダチソウは周りをじゃましようとして自分も死ぬ

なんかなかまも減っていくな…

セイタカアワダチソウは、全国の空き地や川原などで、ふつうに見られる雑草です。

この雑草が大発生すると、周りに生えている植物は枯れてしまいます。**植物の成長をじゃまする化学物質を、あたりにまきちらす**からです。

ところが、この化学物質の影響を受けるのは、ほかの植物だけではありません。**自分も植物なので、めちゃめちゃ効きます。**

→答えは98ページ

そのためセイタカアワダチソウが大発生した場所では、大量に出た化学物質によって、**ほかの植物とともに自分も枯れていきます**。いったい何がしたいのでしょうか。

プロフィール

植物

- **名前**／セイタカアワダチソウ
- **原産地**／北アメリカの荒れ地や土手
- **大きさ**／高さ1.5m
- **とくちょう**／明治時代に日本にもちこまれ、日本中に広まった

アカシアアリはアカシアの木なしでは生きられない

ざんねん度

アカシアアリは、アカシアという樹木にくらすアリです。

この木にくらすのには、深いワケがあります。アカシアアリは植物の蜜を食べますが、なんと**アカシアの蜜をひと口でも食べると、ほかの植物の蜜を食べられなくなるというのです。**糖の消化を助ける体内物質（酵素）が働かなくなるからです。

ところがアカシアの蜜には、糖の消化を助ける酵素が入っています。これは**毒と薬を同時に与えている**ようなもの。

こうしてアカシアからはなれられなくなったアリは、蜜をもらうかわりに、外敵を退治する仕事を一生続けさせられます。

プロフィール

昆虫類

- **名前**／アカシアアリ
- **生息地**／中央アメリカのアカシアの木
- **大きさ**／体長3㎜
- **とくちょう**／アカシアの木のトゲにできた空洞にすむ

A 96ページの答え→ すべて抜ける

プロノータリスエゾゼミは電車よりもうるさい

ざんねん度

セミの命は、地上に出てからわずか数週間しかありません。そのあいだに子どもを残すために、オスは大声で「ここにいるよ！」とメスにアピールします。

なかでもプロノータリスエゾゼミのオスの鳴き声は大きく、**最高で約109dB**にも達します。これはセミだけでなく、**昆虫の中でいちばん大きな鳴き声**です。

そのうるささは、アブラゼミの約1・5倍で、**電車が通過するガード下の音よりも大きい**とか。あまりの音に、鳥さえもおどろいて逃げ出すといわれます。

それだけ大きいと、必死に鳴いてもほかのオスの声に打ち消され、メスに無視されそうです。

プロフィール

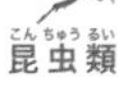
昆虫類

■**名前**／プロノータリスエゾゼミ
■**生息地**／北アメリカ東部の林など
■**大きさ**／体長3.5㎝
■**とくちょう**／日がしずんで夜おそくなっても鳴く

生き物が感じる味

わたしたち人間は、食べ物を食べると甘いと感じたり、塩辛いと感じたり、苦いと感じたり……さまざまな味を感じます。

しかし生き物によっては、味の感じ方がまったく違うこともあります。

ほかの生き物がどんなふうに味を感じているのか、少しだけのぞいてみましょう。

鳥は辛味を感じない

鳥は辛味成分のもととなるカプサイシンを感じないため、トウガラシが食べられます。

いけまっせ
トウガラシ

パンダはうま味がわからない

パンダはササしか食べないため、うま味を感じる必要がなく、うま味のある食べ物を食べたとしてもうま味がわからないでしょう。

ネコは甘味がわからない

ネコは肉食の生き物で、甘味を感じる舌の細胞が発達しませんでした。肉には甘味がほとんどないからでしょう。

いや うま味って
レベル高くない？

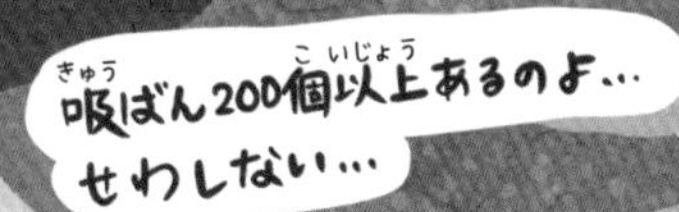

吸ばん200個以上あるのよ…
せわしない…

イヌは塩味に鈍感

野生の時代、つかまえた動物の血液から塩分をとっていたため、塩を食べる必要がなく、塩味をほとんど感じることができなくなったとされます。

タコは吸盤で味を感じる

タコは吸盤に味を感じる細胞があり、さわっただけで食べ物かどうかを判断できるようです。

ナマズは全身で味を感じる

ナマズは味を感じる細胞が人間の20倍もあり、しかもそれが全身にちらばっています。

塩かけると
肉がうまいって
ホントですか!?

じぶんびんかんなんで…

そもそも
味って何ですか？

ヘビは味を感じない

ヘビはえものを丸のみします。味を感じる細胞がなく、味を感じないようです。

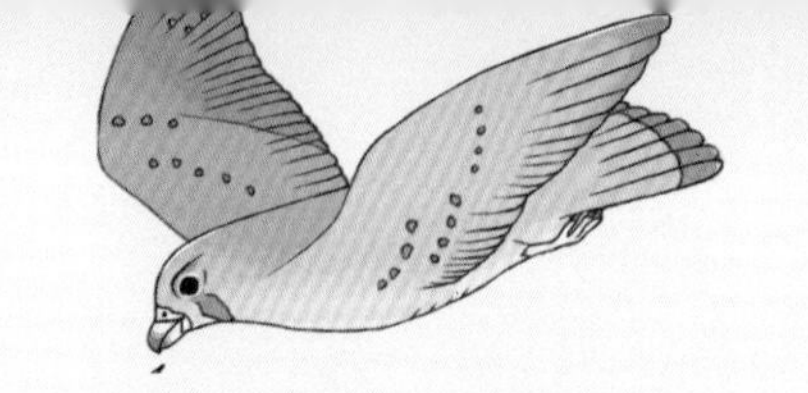

この章では、そんな生き方、くらし方でいいの？
と思わずつっこみたくなってしまう
見たまんまざんねんな生き物たちを
お届けします。

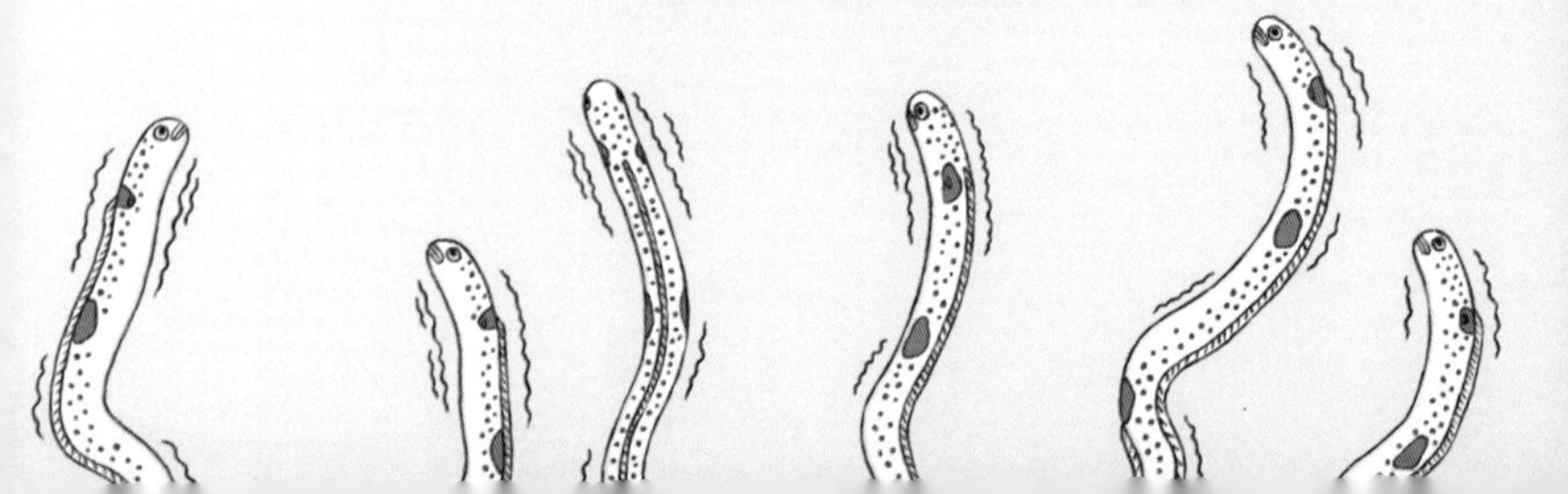

第5章
見たまんまざん
パラパラ劇場
外は危険がいっぱい！ おびえるチンアナゴは……

キルクディクディクはうんことおしっこをしてケンカをやめる

ざんねん度

シカにそっくりですが、アフリカにすむ「レイヨウ」というウシのなかまです。

ディクディクという名前は、敵から逃げるときに、「ズィク、ズィク」とけたたましく鳴くことから名づけられました。

かわいい見た目ですが、なわばり争いでケンカするときは、**遠くから猛ダッシュ**してきます。しかし体当たりはせず、**たがいの毛がギリギリ触れるところで寸止め**するという、武術の達人感あふれる行動でわからせます。

そして仲直りしたあとは、いっしょにうんこやおしっこをするのが決まりです。人でいう連れションのような感覚でしょうか。

プロフィール

ほ乳類

- **名前**／キルクディクディク
- **生息地**／アフリカ東部から南部の草原など
- **大きさ**／体長65㎝
- **とくちょう**／敵に見つかるとジグザグに走って逃げる

Q プレーリードッグは意外なところに毛が生えている。それはどこ？ →答えは106ページ

モリアオガエルの赤ちゃんは敵の口にダイブする

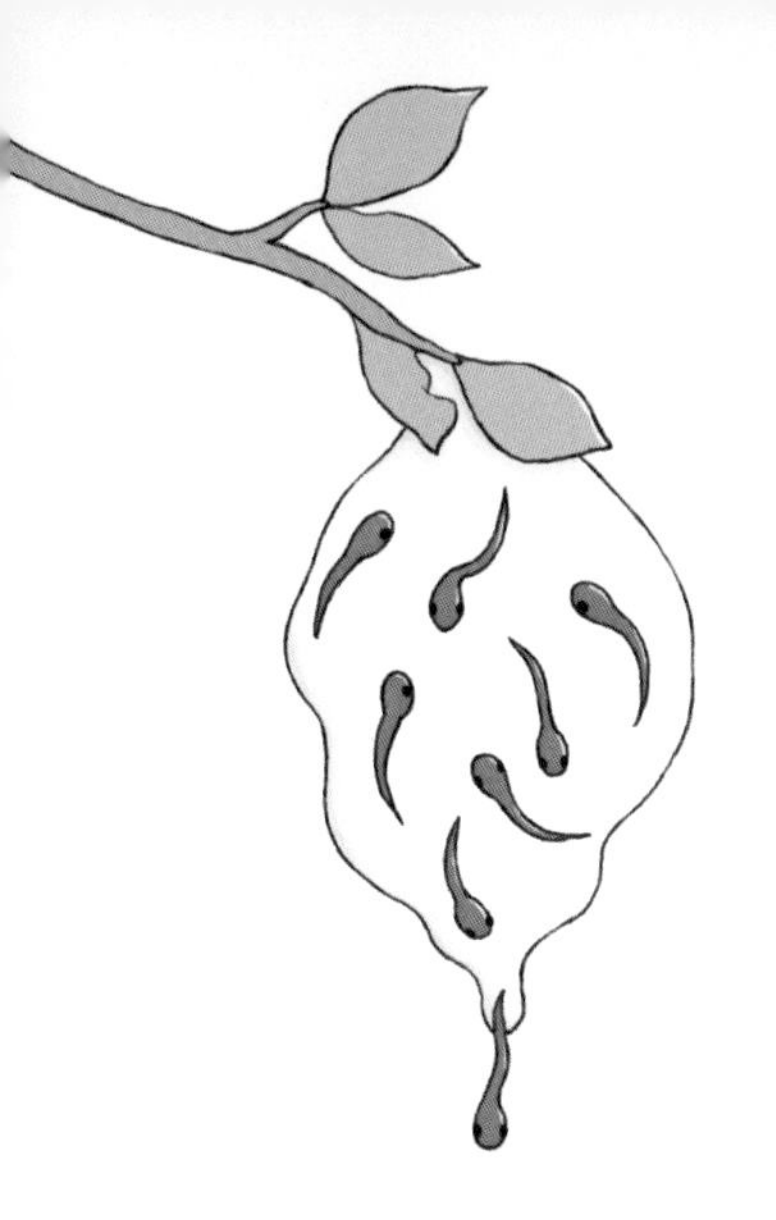

モリアオガエルは、水辺の木の枝や葉っぱなど、高いところに卵をうみつけます。

数百個ある卵は、ネバネバした泡に包まれています。こうして鳥に食べられたり、乾燥したりするのを防いでいるのです。

やがて卵からふ化したオタマジャクシは、**雨の日に木の下にある池や沼にダイブ。**そのまま水の中でカエルに成長します。

ところがモリアオガエルがいる水辺には、たいてい天敵のアカハライモリもいます。イモリが待ちかまえているとも知らず、オタマジャクシたちは自分からおそろしい敵のいる池の中に飛びこんでいくのです。

プロフィール

両生類

- **名前**／モリアオガエル
- **生息地**／本州と佐渡の水辺
- **大きさ**／体長6㎝
- **とくちょう**／「カララ・カララ…コロコロ」と鳴く

ざんねん度

ハリモグラの赤ちゃんはお母さんの袋から追い出される

ハリモグラは**原始的なほ乳類**で、**卵をうみます**。といっても、鳥のように巣穴にうむのではなく、自分のおなかの袋の中に1個だけ卵をうむのです。

卵がふ化すると、メスはおなかから母乳を出して、袋の中にいる赤ちゃんに飲ませます。

しかしそれも生後8週間まで。このころになると、赤ちゃんの体にはかたいトゲが生え始めます。**トゲでチクチクおなかをさされて痛いのか**、母親は袋から子どもを追い出して、**ひとりで食べ物を探しに行ってしまいます**。

その後は週に1～2回、母乳を与えるときにしか、巣穴に帰ってきません。

プロフィール

ほ乳類

■**名前**／ハリモグラ
■**生息地**／オーストラリア、ニューギニアの森など
■**大きさ**／体長45㎝
■**とくちょう**／おもにアリなどの小さな昆虫を食べる

A 104ページの答え→ 口の中

ざんねん度

オンブバッタのオスは1か月以上メスにしがみつく

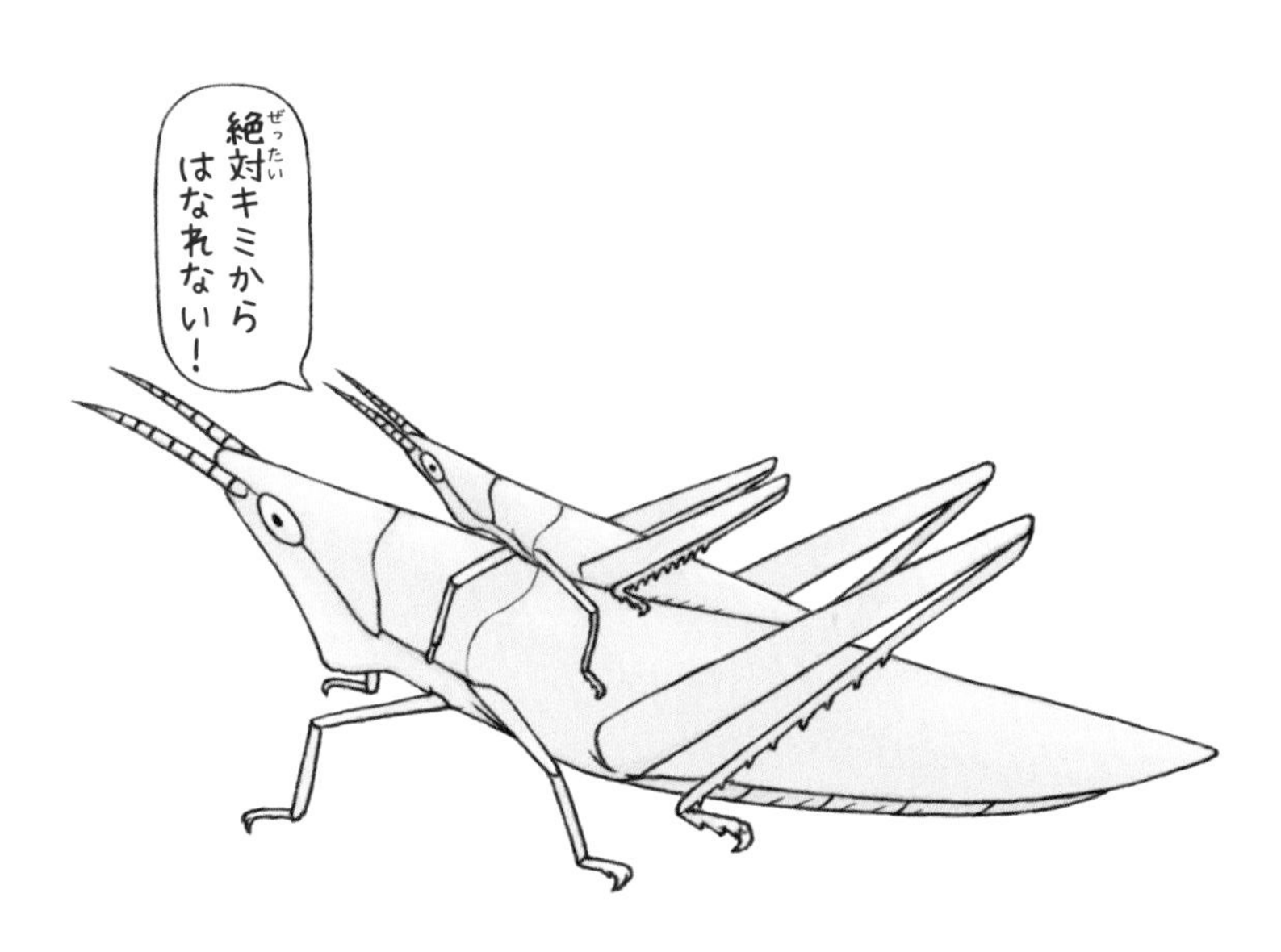

オンブバッタのオスは、ほかの多くの生き物と同様に、メスをめぐってほかのオスと争います。そして戦いに勝ったオスは、メスにおんぶしてもらいます。こうしてオスはメスと子どもをつくります。

ただ、オス同士のケンカは**メスの背中の上で行われることもあり**、メスにとっては迷惑きわまりありません。しかも、オスは、**1か月以上もメスにおんぶしてもらいっぱなし**なのです。

オスは**後ろ足が短く、長い距離を移動することができません。**そのため運よくメスと出会えたオスは、「逃してなるものか！」とひたすらしがみつき続けます。

プロフィール

昆虫類

■**名前**／オンブバッタ
■**生息地**／日本全国の草原など
■**大きさ**／体長2.3㎝（オス）
■**とくちょう**／羽はあるが、ほとんど飛ぶことができない

チンアナゴはおくびょうすぎて餓死する

ざんねん度 MAX

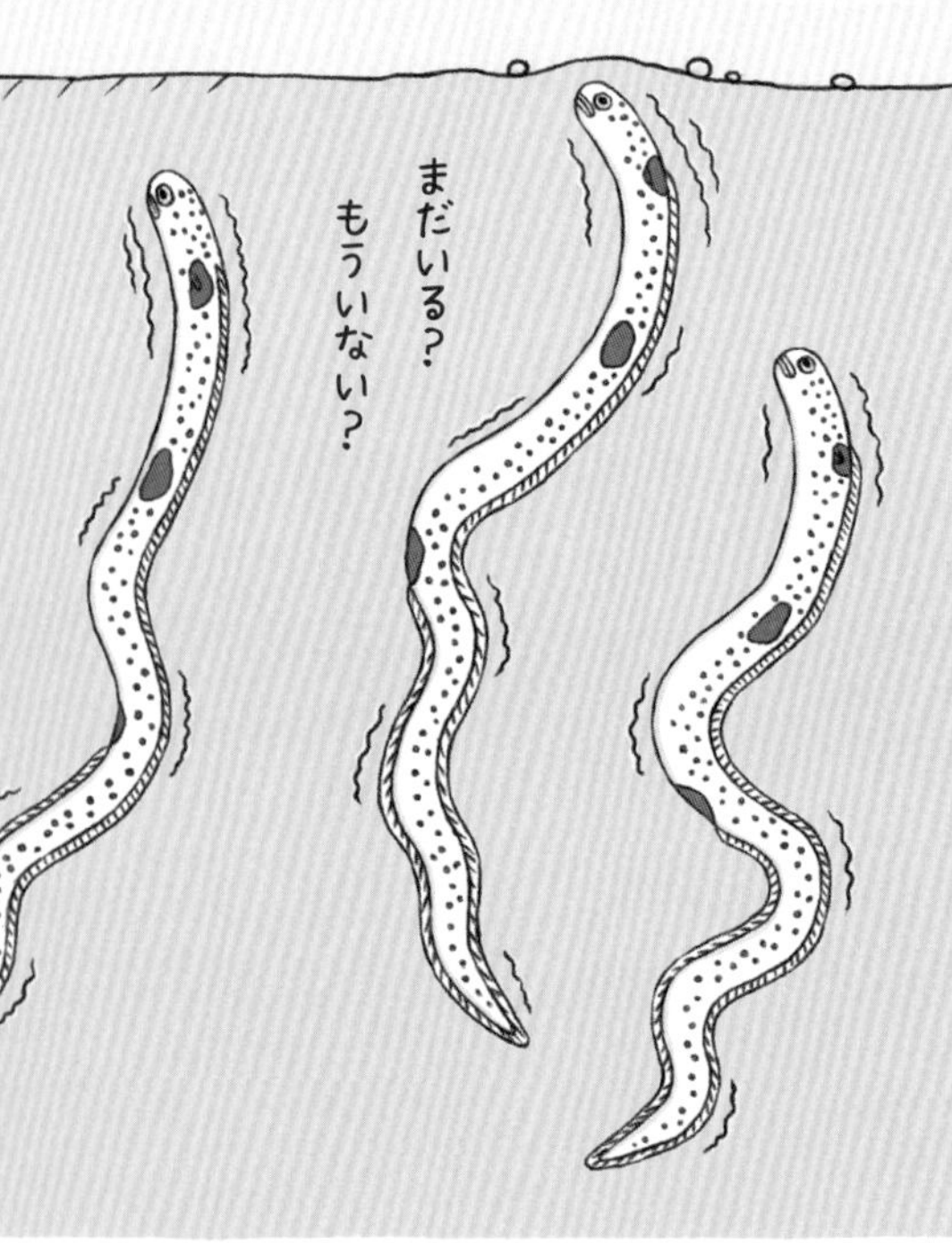

　まるで植物のように、砂の中からびよーんと体をのばし、ゆらゆらと水中でゆれるチンアナゴ。**体の上半分だけを穴から出して、**ひたすら小さな生き物が口に入るのを待っています。
　こんな生き方をしているのは、カスミアジなどの敵がきたときにすぐに穴の中にかくれるため。チンアナゴは、**とてもこわがり**なのです。一度警戒すると、穴の中にかくれ

Q ツバメウオの好物は何？
→答えは110ページ

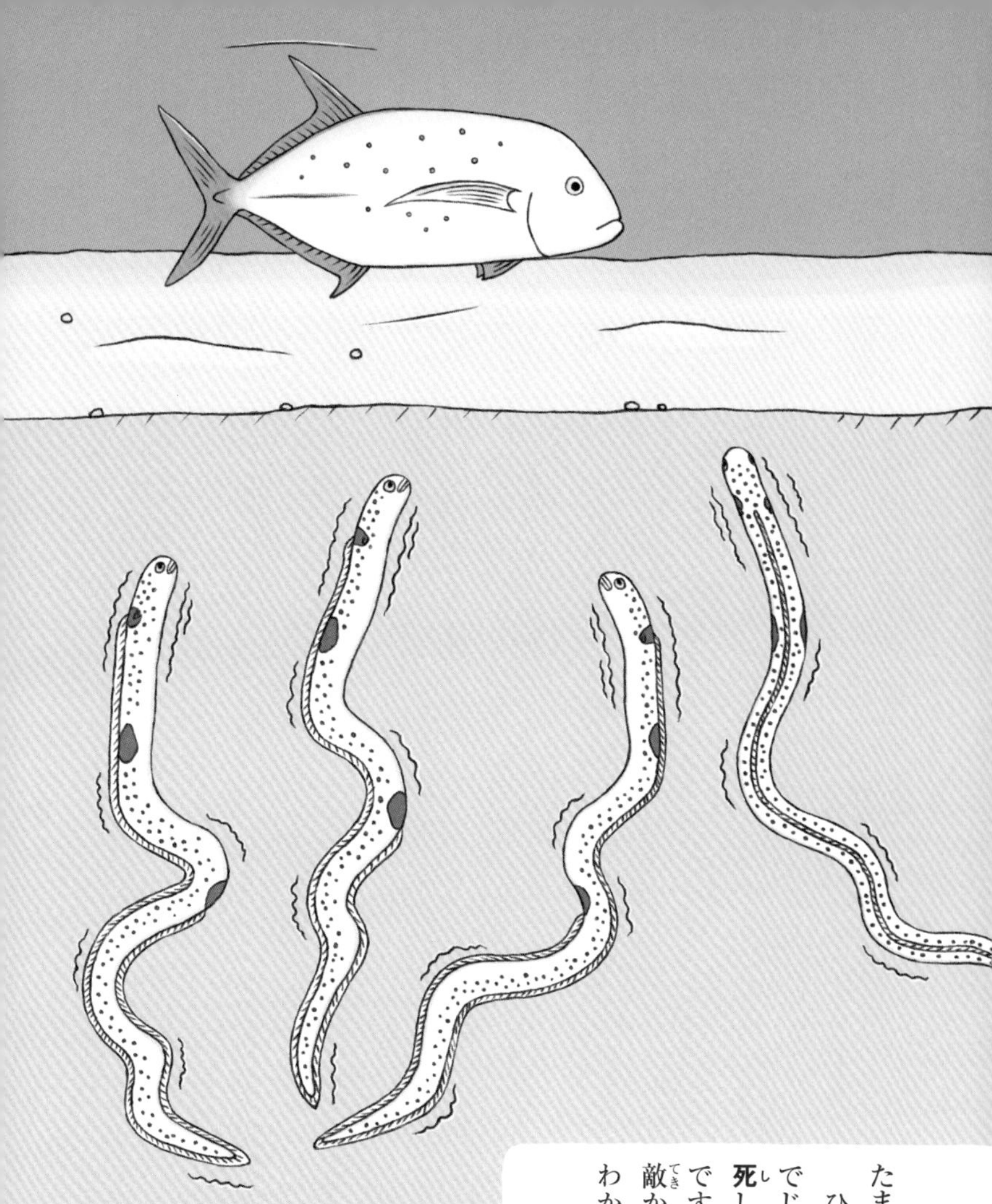

たままなかなか出てきません。
ひどいときは何日も穴の中でじっと過ごし、**そのまま餓死**してしまうこともあるそうです。いったいなんのために敵からかくれるのか、もはやわかりません。

プロフィール

硬骨魚類

- **名前**／チンアナゴ
- **生息地**／太平洋西部からインド洋にかけての砂底
- **大きさ**／全長40㎝
- **とくちょう**／昼にごはんを食べ、夜は巣穴の中で眠る

ダンゴウオの擬態はバレバレ

ダンゴウオは、その名のとおり**丸くてコロコロした体**をしています。大きさも3㎝ほどしかないため、ほかの魚からすればおやつにぴったりな存在です。

しかし「おやつにされてなるものか」とダンゴウオも考えています。**擬態です**。腹にある吸盤で岩や海藻の裏にはりつき、**体をゆらゆらとゆらすことで海藻のふりをしている**のです。

「これで敵の目をごまかせる」と思ったのかもしれませんが、自分が団子に似ていることを忘れています。海藻とは形が違うので、どこにいるかバレバレ。「まねるなら石のほうが正解」と教えてあげたくなります。

プロフィール

硬骨魚類

■**名前**／ダンゴウオ
■**生息地**／本州から九州北部などの岸近くの海
■**大きさ**／全長3㎝
■**とくちょう**／育つ環境で色が変わり、緑や赤茶、白などさまざまな色の個体がいる

ケブレヌス・レケンベルギはバック転で逃げる

ざんねん度

　モロッコの砂丘には、ケブレヌス・レケンベルギという小さなクモがいます。英名はフリックフラック・スパイダー（バック転グモ）。その名のとおり、危険がせまると、なぜかくるくると連続でバック転をして逃げます。

「走ったほうが速いのでは？」と思いきや、その**速度は秒速2m**。普通に歩くよりも倍速く、**人間が小走りしたときと同じくらいのスピード**が出ます。しかも平地はもちろん、下り坂や上り坂もへっちゃらです。

　砂の上では**なるべく足をつかない**のが効率的なのでしょうが、丸まった体と相まって風に飛ばされる紙くずのようです。

プロフィール

鋏角類

- **名前**／ケブレヌス・レケンベルギ
- **生息地**／アフリカの砂丘
- **大きさ**／体長3.5㎝
- **とくちょう**／砂でできたちくわのような巣穴にくらす

カイアシはおなかいっぱいだと敵に見つかる

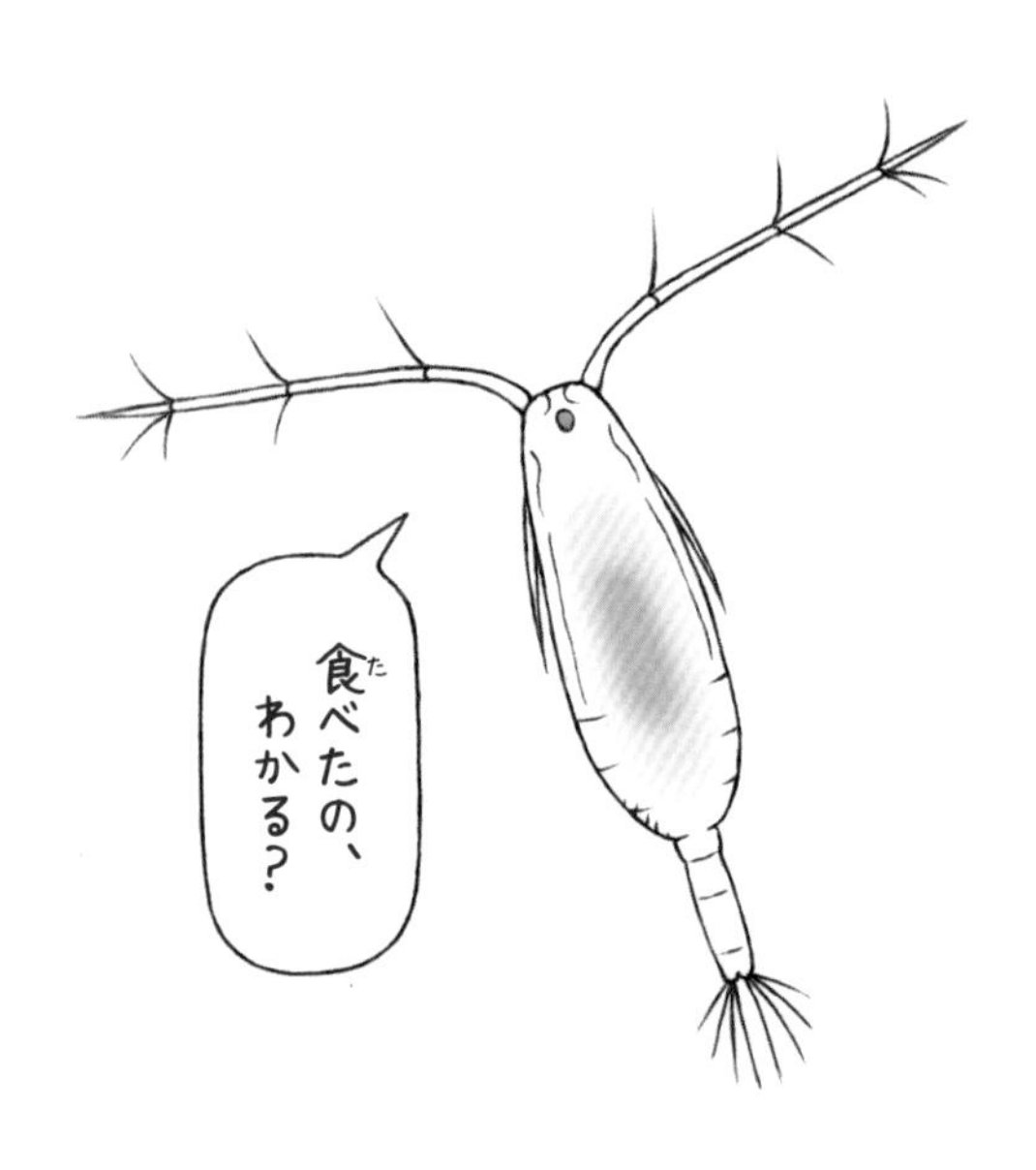

カイアシは、水中をただよう小さな生き物（プランクトン）のなかまです。**体が透明**なので、天敵の小魚から見つかりにくいという利点があります。

ところが、透明の体が力を発揮できるのは、おなかがすいているときだけ。水中に浮かぶ小さな植物をおなかいっぱい食べると、**食べたものが外から透けて見えて**、小魚に見つかりやすくなってしまいます。自分がたくさん食べるほど、ほかの生き物に食べられやすくなるのです。

そんなわけで、**植物を思う存分食べられるのは、暗い夜のあいだに限られます**。透明な体も、意外と楽ではありません。

プロフィール

甲殻類

- **名前**／カイアシ（総称）
- **生息地**／世界中の淡水・海水
- **大きさ**／全長0.7㎜
- **とくちょう**／ケンミジンコという名前でも知られるがミジンコのなかまではない

Q モグラの鼻がつまるとどうなる？ ➡答えは114ページ

ざんねん度

チャイロキツネザルは おしっこを体にぬらないと だれだか気づいてもらえない

マダガスカル島にすむチャイロキツネザルは、**木の上からほとんどおりません。**オスとメスがまざった十数頭のむれをつくって生活しています。

むれでは、父親と母親だけでなく、みんなで協力して子育てをします。また、ボスと子分のような**上下関係もありません。**年齢や性別で差別しないすばらしい社会を築いています。

ただ、おたがいの区別はしっかりしています。**その方法はおしっこ。**かれらは、自分のおしっこを体にぬりつけて、そのにおいで相手がだれかを認識しています。個体によって、微妙ににおいが違うのだそうです。

プロフィール

ほ乳類

- **名前**／チャイロキツネザル
- **生息地**／マダガスカル島の熱帯林
- **大きさ**／体長40㎝
- **とくちょう**／茶色と名前についているが、灰色のものもいる

コイはあえてマガモに卵を食べさせるが、ほぼ死ぬ

ざんねん度 MAX

コイは、生息地を増やすために、**わざと水鳥に卵を食べてもらいます。**鳥のおなかの中に入って空を飛び、新たな池でうんことといっしょに卵を落としてもらえば、**すみかを増やせる**というわけです。

しかし、ある実験で、実際にマガモにコイの卵を500個食べさせたところ、**生きたまま出てきた卵はわずか12個**しかありませんでした。しかも、そのうちふ化したのは3匹だけで、99%以上の卵は死にました。

コイの子どもは、うまれる前から「たぶんうんこになるけどがんばれ」というハードな試練を親から押しつけられるのです。

プロフィール

硬骨魚類

■名前／コイ
■生息地／日本各地の流れがゆるやかな川や湖、池
■大きさ／全長1m
■とくちょう／日本のコイはほとんどが外国うまれの子孫

A 112ページの答え→ 道に迷う

カリフォルニアイモリの産卵は大迷惑

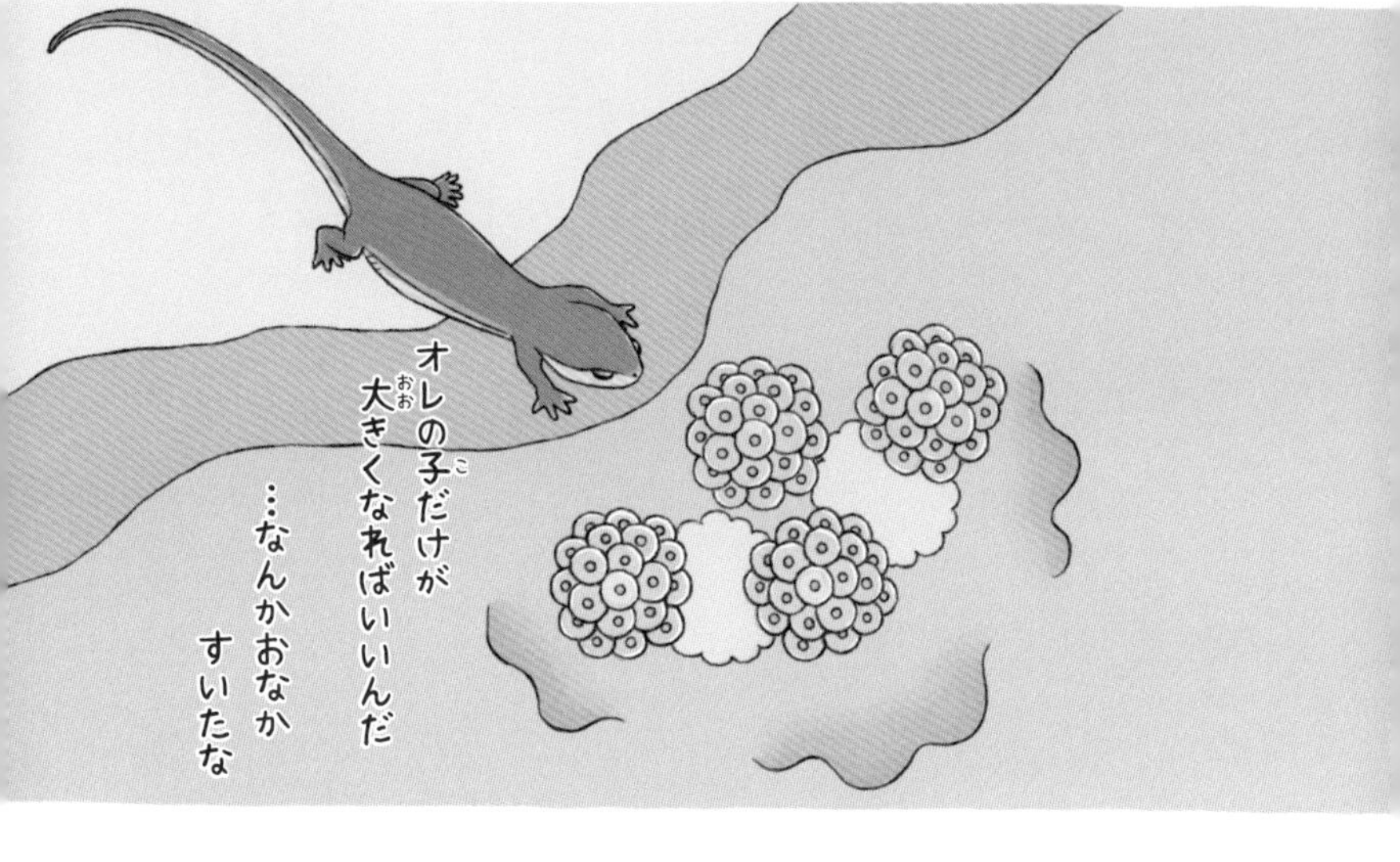

イモリのなかまには、皮ふから毒を出すものが多くいます。

なかでも強力な毒を出すのが、カリフォルニアイモリ。フグと同じ**テトロドトキシンという猛毒**がまざった液を皮ふから出して、敵から身を守ります。

しかも**毒を出すのは、おとなだけではありません**。カリフォルニアイモリの卵にも同じ毒がふくまれています。そのため池などに卵がうみつけられると、**毒が流れ出して周りにいる魚などが死んでしまう**のです。

卵を守るためには仕方がないのかもしれませんが、周りの生き物からすれば、これほど迷惑なことはありません。

プロフィール

両生類

- **名前**／カリフォルニアイモリ
- **生息地**／アメリカのカリフォルニア州の沿岸
- **大きさ**／全長16cm
- **とくちょう**／自分の卵を食べてしまうことがある

ゴリラはうんこを投げてプロポーズする

ざんねん度

ゴリラのオスは、さまざまな行動でメスに愛を告白します。代表的なのは、「シルバーバック」という**背中に生える銀色の毛や、頭の後ろの出っぱりをメスに見せつける**方法です。また、**胸をたたくドラミングをしたり、鳴き声を出したりして**、メスの気を引くこともあります。

　しかし、もっと変わった方法もあります。それは、**自分のうんこを投げつけること。**

Q ワニは自由に泳ぐために何を食べる？

→答えは118ページ

人間がやったら犯罪ですが、ゴリラの場合はこれでカップルができてしまうのでふしぎです。ちなみに動物園のゴリラは、客が逃げるのがおもしろくて、うんこを投げることもあります。

プロフィール

■**名前**／ヒガシゴリラ
■**生息地**／中央アフリカの森林
■**大きさ**／身長1.7m
■**とくちょう**／最大の天敵はヒョウ

コテングコウモリはかくれ場所を間違えて食べられがち

ざんねん度 MAX

コテングコウモリの体長は、わずか5cmと、大きめのカブトムシくらいしかありません。

でも、そのおかげで**木に空いた穴や木の葉の中など**、いろいろな場所に身をかくせます。

ただし、かくれる葉はよく選ばなければなりません。茶色の枯れ葉は体の色にうまくなじみますが、**緑色や黄色の葉にかくれると、逆に体の色が目立つことに**。その結果ぐっすり眠っているあいだに、ツミなどの猛禽類に食べられることもあるのです。

それにもかかわらずコテングコウモリは、冬のあいだは雪の中で冬眠します。少しでも雪をほられたら終了です。

プロフィール

ほ乳類

■**名前**／コテングコウモリ
■**生息地**／東アジアの森林など
■**大きさ**／体長5cm
■**とくちょう**／夜に飛んでいる昆虫をつかまえて食べる

A 116ページの答え➡ 石

ざんねん度

ニシコクマルガラスは家族のことは裏切らないが、友達は裏切る

ニシコクマルガラスは、**数百から数千のむれ**をなします。協力して敵から身を守り、食べ物を見つけるのです。

ある実験で、このカラスをAとBの2つのグループに分け、同じグループ内で協力すればおいしい幼虫が、違うグループのカラスと協力すると粗末な食べ物が手に入るようにしました。

するとカラスは、違うグループに家族がいた場合、たとえ幼虫がもらえなくても家族と共に行動しました。ところが違うグループに友達がいても、**友達とはさっさと縁を切って同じグループのカラスと仲良くなります。**友達より、幼虫が大好きです。

プロフィール

鳥類

- **名前**／ニシコクマルガラス
- **生息地**／北アフリカからヨーロッパの森林
- **大きさ**／全長33cm
- **とくちょう**／カラスのなかまで最小の種

プレーリードッグはキスで敵と味方を見分ける

プレーリードッグは、愛らしい見た目に反して、なわばり意識がかなり強め。巣穴のそばには見張り役が立ち、常にあたりを警戒しています。ほかのむれのオスが近づいてきたら、激しくいかくをして退けます。

警戒するのは敵だけではなく、なかまに対しても同じです。かれらは**すれ違うたびに抱き合って口や鼻を突き合わせる「キッシング」**という行動をします。**おたがいのにおいをかいで、なかまか確認**しているのです。

ほんの数秒はなれただけでもキッスと、まるで熱愛カップルのよう。しかし心の中は、うたがいの気持ちでいっぱいです。

さらに なかまを生き埋めにする

プロフィール

ほ乳類

■ **名前**／オグロプレーリードッグ
■ **生息地**／北アメリカ大陸中央部の平原など
■ **大きさ**／体長30㎝
■ **とくちょう**／敵が近づくと子イヌのような声でなかまに危険を知らせる

さらに、プレーリードッグの巣穴では、おそろしい殺し合いが行われることがあります。

プレーリードッグは一夫多妻制で、地中の巣穴には1匹のオスとたくさんのメスがいます。

オスは複数のメスと子どもをつくりますが、**メスはほかのメスの子どもがうまれると攻撃して、**ときには**巣穴ごと生き埋めにしてしまう**ことさえあります。

こうすることで食べ物の分け前が増えるだけでなく、死んだ子どもは食料にされ、ほかのなかまの栄養になるのです。

かわいい顔をしていますが、やっていることはかなりえげつないです。

コマツグミはコウウチョウにしつこくからまれる

コウウチョウは、コマツグミの巣に托卵します。托卵とは、ほかの鳥の巣にこっそり卵をうんで、育ててもらうことです。

ただし、**コマツグミの卵はエメラルドグリーンなのに、コウウチョウの卵は白と茶色のブチ模様**。さすがに自分の卵ではないと気づき、コウウチョウの卵をすてることがあります。

ところが卵がすてられると、**コウウチョウはコマツグミの巣を破壊**。その後、新しくつくり直した巣にもう一度托卵します。

勝手に巣に卵をうまれて、育ててあげないと巣をこわされる。コマツグミにとって、コウウチョウは悪魔のような存在です。

プロフィール

鳥類

- **名前**／コマツグミ
- **生息地**／北アメリカの林など
- **大きさ**／全長25㎝
- **とくちょう**／地上を歩きながら、落ち葉の下の昆虫などを食べる

カッコウは二度と自分で子育てができない

ざんねん度 MAX

カッコウは、ほかの鳥（宿主）の巣にこっそり卵をうみつけます。**自分では卵を育てず、ほかの鳥に育ててもらうため**です。

ところが、いつもうまくいくとは限りません。オオヨシキリは、カッコウが巣に近づくと激しく攻撃します。また**ホオジロは、カッコウの卵を見分けて捨てるように進化**しています。

こうなるとカッコウはピンチです。ずっとほかの鳥に卵を預けていたため、カッコウは**自分で卵を育てる習性をなくしてしまいました。**もし、すべての鳥がカッコウの卵を見分けられるようになったら、子孫を残せず絶滅してしまうかもしれません。

プロフィール

鳥類

- **名前**／カッコウ
- **生息地**／アフリカからユーラシアにかけての森林
- **大きさ**／全長35㎝
- **とくちょう**／「カッコー」と鳴くのはオスだけ

チョウゲンボウはネズミのおしっこをひたすら探す

ざんねん度

チョウゲンボウは、ワシやタカと同じ猛禽類のなかまです。**猛禽類の視力は人間の約8倍**あるといわれ、1㎞以上はなれた場所から、動くネズミを見つけてつかまえることができます。

ただ、ネズミは草木の中にかくれているため、目が良くてもすぐに見つけられません。

そこで、チョウゲンボウが**注目したのがネズミのおしっこ**です。えもののハタネズミ

類のおしっこは、**紫外線という人の目には見えない光を反射します。**チョウゲンボウの目は紫外線を見ることができるため、かれらはネズミを求めて、毎日ひたすらおしっこを探しているのです。

プロフィール

鳥類

- **名前**／チョウゲンボウ
- **生息地**／日本全国の農耕地、川原、草原など
- **大きさ**／全長30㎝
- **とくちょう**／空中でホバリングしながらえものを探す

カイコは自分だけじゃ何もできない

ざんねん度

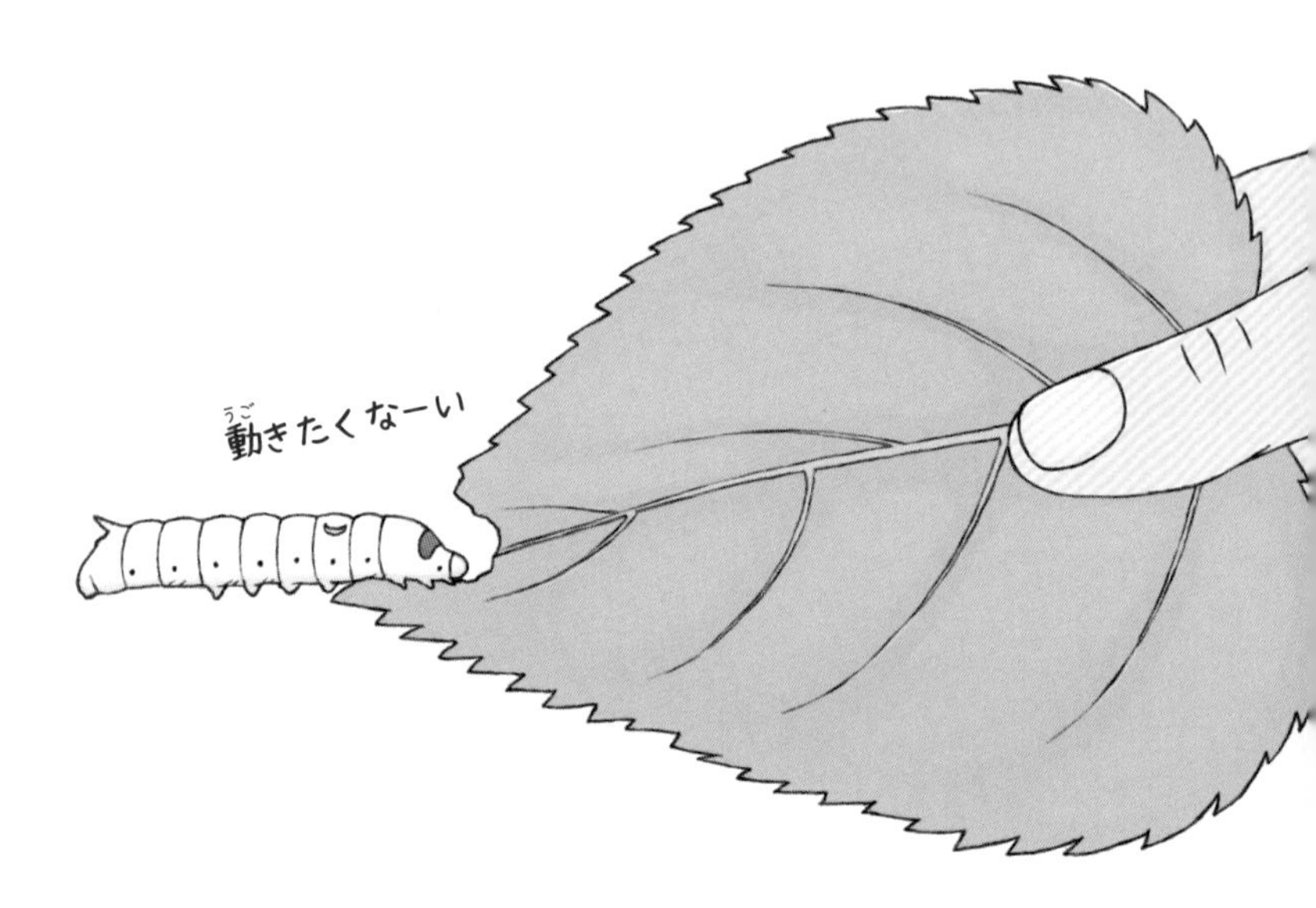

野生のカイコはいません。口から出す糸を取るためだけに、人間が野生のガを**数千年かけて改良**してできたのがカイコです。そのため人間がいないと、何もできなくなってしまいました。

　幼虫は満足に歩くことができず、**葉っぱにつかまる力さえありません**。そのため**人間が口の前まで食べ物を運ばないと、うえて死んでしまいます**。また、成虫になると、ほかのガのように羽が生えますが、**飛ぶことはできません**。卵をうんだら、数日で死んでしまいます。

　こうなると野生では生きていけません。人間の手を借りなければ、絶滅するしかないのです。

プロフィール

昆虫類

- 名前／カイコガ
- 生息地／世界各地で飼育されている
- 大きさ／開張4.3cm
- とくちょう／成虫になって1週間ほどしか生きられない

キバネツノトンボはわけがわからない

キバネツノトンボは、姿を見れば見るほど混乱してきます。**前ばねは透明**で、確かにトンボらしさを感じます。いっぽう**後ろばねには黄と黒の模様**がありガのようです。かと思いきや、**頭にはチョウのような触角**、**おしりの先にはハサミ**がついています。そして**飛ぶ姿はハチにそっくり**で、**全身にはモフモフの毛が生えている**のです。まるで、子どもが知っている昆虫をまぜこぜにして描いた絵のようです。

さらに幼虫はクワガタのような大あごをもっています。じつはキバネツノトンボの正体はトンボではなく、アリジゴク（ウスバカゲロウ）のなかまなのです。

プロフィール 

昆虫類

- **名前**／キバネツノトンボ
- **生息地**／本州、九州の草原など
- **大きさ**／前ばねの長さ2.5㎝
- **とくちょう**／飛びながらほかの昆虫をつかまえて食べる

生き物が感じるにおい

おいしそうなにおいをかぐと空腹を感じたり、くさいにおいをかぐと体に悪そうだと思わず鼻をつまみたくなったり、わたしたちはにおいからさまざまな情報や感情を得ています。

人間以外の生き物にとっても、においは重要な情報源。でも、その感じ方は生き物によってさまざまです。どんなにおいを感じているのでしょうか。

ち、ち、血だぁ

ピラニアは血のにおいで大こうふんする

お風呂にたらした1滴の血のにおいを感じることができ、「えものがいる!」と大こうふんします。

だって海中にいるし…

クジラはにおいをほぼ感じない

海中では天敵であるサメやシャチのにおいを感じることはできないので、においを感じる能力が退化したと考えられています。

ガの触角はメスのにおいを感じるために巨大化した

オスは触角でメスのにおいを感じるため、メスに出会うためだけに触角が巨大化しました。

メスのにおいは逃がさん

スカンクは自分のにおいで悶絶する

鼻が良い生き物で、自分のくさいスプレーがかかってしまうと、必死で地面にこすりつけてにおいを取ろうとします。

ヤバイよね ぼくのにおい

ウマはにおいをかぐとき変顔をしちゃう

オスは上唇を思いきり上げて変顔をしながら必死でメスのにおいをかごうとします。

本能が うったえてくるのです

ネズミは見たことのないキツネのおしっこのにおいにビビる

天敵のキツネを見たことがなくても、キツネのおしっこのにおいをかぐとビビって逃げます。

え!? 顔変!?

この章では、すでにいなくなってしまった、
絶滅した生き物たちの
ざんねんな様子をお届けします。

第6章

いなくなったざんねんないきもの

パラパラ劇場　風をじっと待つペラゴルニス・サンデルシがいるよ

パラサウロロフスは歯周病に悩まされていた

歯周病は、歯を支える歯ぐきや骨をとかしてしまうこわい病気です。じつは、**恐竜たちも歯周病に悩まされていました。**

約7500万年前にいたパラサウロロフスの化石には、歯周病であごの骨が変質したあとが見られます。とくに上あごは状態が悪く、**歯を支えるあごの骨が溶けていた**ようです。

パラサウロロフスは、木の実などを食べる植物食の恐竜ですが、**歯が痛くて食べられないこ**ともあったのかもしれません。

ちなみに人間の歯周病は動物にもうつります。イヌやネコに自分の食べかけのものをあげるのはやめましょう。

プロフィール

は虫類

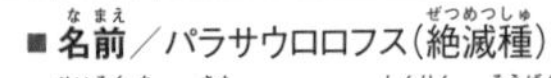

- ■**名前**／パラサウロロフス（絶滅種）
- ■**生息地**／北アメリカの森林や草原など
- ■**大きさ**／全長12m
- ■**とくちょう**／トサカが空洞でラッパのような音を出した

Q タイワンリスは敵を見つけるとどのように鳴く？

→答えは134ページ

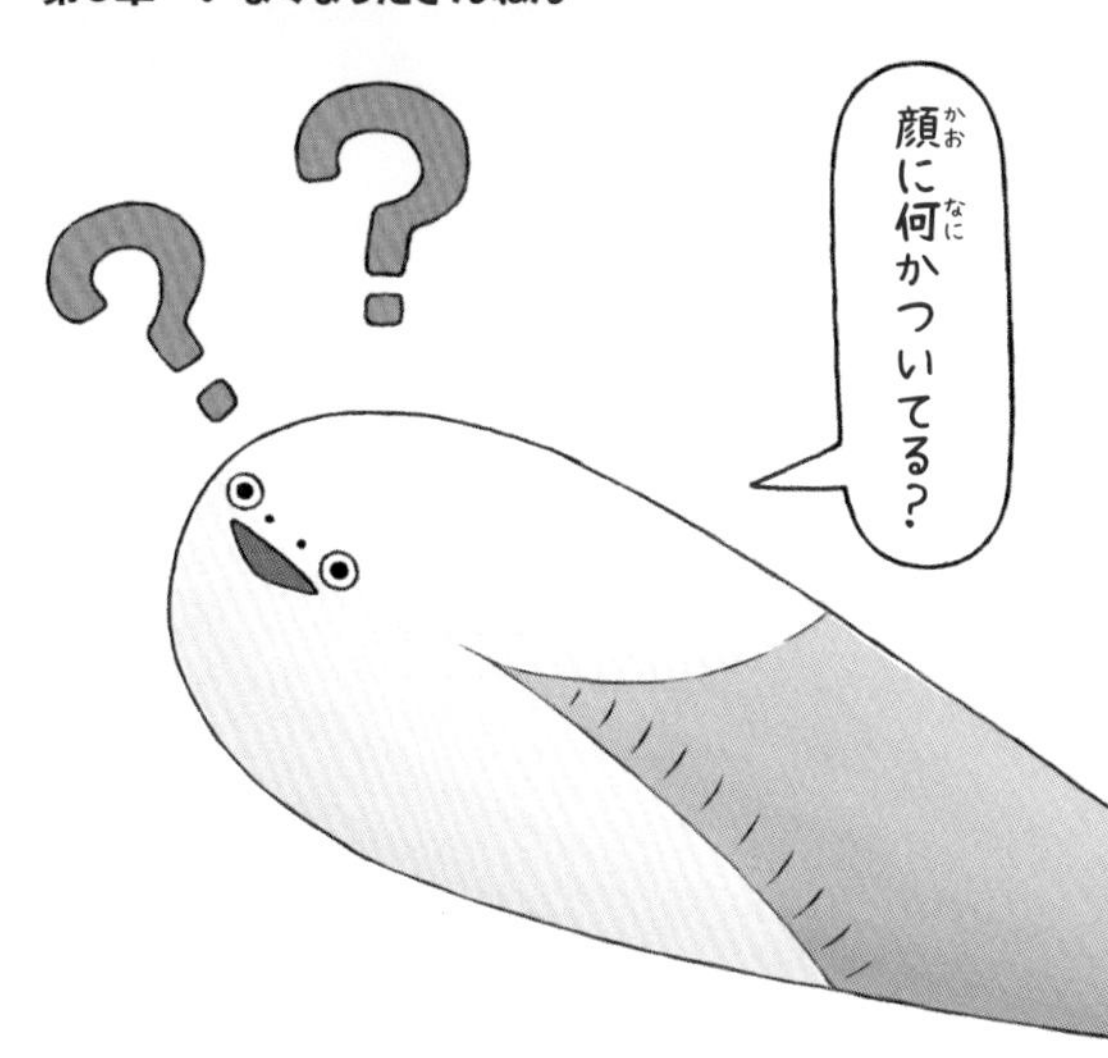

ざんねん度

サカバンバスピスは見た目もつくりもやる気がない

サカバンバスピスは、**約4億5000万年前にいた古代魚**です。いわば現代の魚のご先祖さまなのですが、その見た目がSNSで話題になっています。とにかくやる気がないからです。

まず魚なのに、尾の部分以外に水をかくヒレがありません。そのためエビフライのようなフォルムで、**泳ぎはヘタだった**そうです。また、あごもないため口の開閉ができません。泳ぐときも口を開きっぱなしにして、**たまたま口に入ったものを食べていた**と考えられています。

さらに頭の先には一応小さな2つの目がありますが、実際はよく見えていなかったようです。

プロフィール

無がく類

- **名前**／サカバンバスピス（絶滅種）
- **生息地**／南アメリカ、オーストラリアなどの浅い海
- **大きさ**／全長25㎝
- **とくちょう**／現在の魚と同じように水の流れを感じることができる側線がある

長けりゃいいってもんじゃないのね…

ざんねん度

タニストロフェウスは首が長すぎた

タニストロフェウスは、約2億4000万年前にいた首長竜のなかまです。**全長6mのうち首の長さが4m**もありました。

タニストロフェウスは成長とともに、どんどん首が長くなり、おとなになると水中でくらすようになります。**首が長すぎて、陸上だと支えられない**からです。

長い首は、水中で魚やイカをつかまえるのにとっても便利。しかし、あまりに長すぎました。敵からおそわれたときは、足や体で首を守ることができず、ゆでたトウモロコシのように**かまれ放題**だったようです。

実際に、首をかみ切られた化石がいくつか見つかっています。

プロフィール

は虫類

- **名前**／タニストロフェウス(絶滅種)
- **生息地**／ヨーロッパの海
- **大きさ**／全長6m
- **とくちょう**／長い首のため速く泳げず、狩りは待ち伏せ型だった

ティラノサウルスは おとなになるとぐうたら

ざんねん度

ティラノサウルスは、言わずと知れた最強の肉食恐竜。**するどい歯と強力なあご**で、えものを骨ごとかみ砕いていました。

しかし、それは若いころの話。全長10mくらいのおとなになると、**体が重くなりすぎて速く動けなかった**ようです。走るスピードは時速10㎞くらいという説もあります。これは、50m走に18秒もかかる計算になります。

そのため生きたえものはおそわず、死骸を見つけて食べていたと考えられます。しかも一度食べたら、**消化のためにしばらくは動けません**。おなかを休めるために、ひざを曲げてじっとしゃがんでいたようです。

プロフィール

- 名前／ティラノサウルス(絶滅種)
- 生息地／北アメリカの森林や草原など
- 大きさ／全長13m(最大)
- とくちょう／歯が大きく、いちばん大きなものは30㎝以上ある

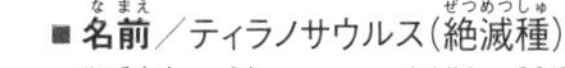

は虫類

ハドロサウルスはなかまにしっぽをふまれて骨折する

ざんねん度 MAX

恐竜の化石を調べると、骨折や病気で変形したあとが見つかることがあります。とくに、肉食恐竜は、ほかの肉食恐竜と戦ったり、狩りをしたりするときに、**脚の骨折**が多くあったようです。

ところが、植物食だったハドロサウルスの化石からも、骨折のあとが多く見つかります。でもその理由は「**なかまにふまれることが多かったから**」のようです。

むれでくらしていたハドロサウルスは、肉食恐竜におそわれると、**パニックになってなかまのしっぽをふんでしまった**と考えられています。自分の体がでかいという自覚が足りません。

プロフィール

は虫類

■**名前**／ハドロサウルス（絶滅種）

■**生息地**／北アメリカの森林など

■**大きさ**／全長8m

■**とくちょう**／北アメリカで最初に体つきのわかる化石が見つかった恐竜

エデストゥスは一生口がのび続ける

わたしたちの歯は、上下に1列ずつあります。しかし**サメの歯は、上下に6～20列**。なかには3000本も歯があるサメもいます。しかも、列の後ろから新しい歯がどんどん生えてきて、かわりに**いちばん前列の古い歯が抜け落ちる**ようになっています。こうして常に歯がとがった状態を保っているのです。

ところが3億年以上前にいた古代ザメのなかまのエデストゥスは、新しい歯は生えるのに古い歯が抜けませんでした。そのため歯列がどんどん前に押し出され、**入れ歯が飛び出たような口をしていた**ようです。こんな歯でえものがとれたのでしょうか。

プロフィール

軟骨魚類

- **名前**／エデストゥス（絶滅種）
- **生息地**／石炭紀の海
- **大きさ**／全長3m
- **とくちょう**／現代のギンザメに近いと考えられる絶滅した古代ザメ

A 136ページの答え→　スズメバチがこわいから

おっ、この風は…
今日は飛べる気がする！

ペラゴルニス・サンデルシが飛べるかは風しだい

ざんねん度

　ペラゴルニス・サンデルシは、約2300万年前までいた巨大な鳥です。体重は22～40kgと小学生男子と同じくらいで、さらに足が小さく、走って飛び立つこともできません。

　そのためペラゴルニス・サンデルシは、海岸に立って翼を広げ、**強い向かい風で体が持ち上げられるのをひたすら待っていた**と考えられます。**飛べるかどうかは完全に風まかせ**。そのため「**強い風がやんで絶滅した**」と考える研究者もいます。

　さらにかれらの**翼の骨は、厚さ1㎜**と極薄。着陸するときに地面にぶつかって折れてしまうこともあったと考えられます。

プロフィール

鳥類

■**名前**／ペラゴルニス・サンデルシ（絶滅種）

■**生息地**／北アメリカの海岸など

■**大きさ**／翼を広げた長さ7.4m（最大）

■**とくちょう**／史上最大の飛ぶ鳥とされている

トリケラトプスは頭が重すぎてほぼ動かせなかった

トリケラトプスは、3本の大きな角と、扇のように頭上に広がった巨大なフリルがとくちょうの植物食恐竜です。

フリルは**「首を守るため」「敵をいかくするため」「異性にアピールするため」**などの役割が考えられます。ただ、どんな理由であるにせよ大きすぎました。

重さは、**頭だけでなんと1t以上**。首の上に軽トラック1台をのせているのと同じです。しかも巨大な頭を支える首の骨は棒のようにかたく、**自由に動かすこともできません**でした。

よっぽど頭を守りたいのだと思いますが、じつは脳の大きさはミカンくらいしかありません。

Q ティラノサウルスの弱点は？ →答えは142ページ

さらにフリルをねらわれがち

ざんねん度

プロフィール

は虫類

- **名前**／トリケラトプス（絶滅種）
- **生息地**／アメリカ、カナダの草原など
- **大きさ**／全長9m
- **とくちょう**／目の上にある2本の角の長さは1m以上

さらに、トリケラトプスのフリルは、その大きさゆえに、めちゃくちゃ敵からねらわれやすかったようです。実際にフリルに**ティラノサウルスのかみあとのある化石**も残っています。

また、脳の周りの骨をCTスキャンで調べた結果、敵と戦うときは少し下げ、フリルが敵の正面にくるようにしていたようです。**フリルは骨でできていて、厚さも8㎝以上**あり、とてもがんじょうでした。

トリケラトプスは、小型の恐竜にくらべて動きがのろく、姿勢も不安定だったと考えられます。そのため目立つフリルをおとりに使ったのかもしれません。

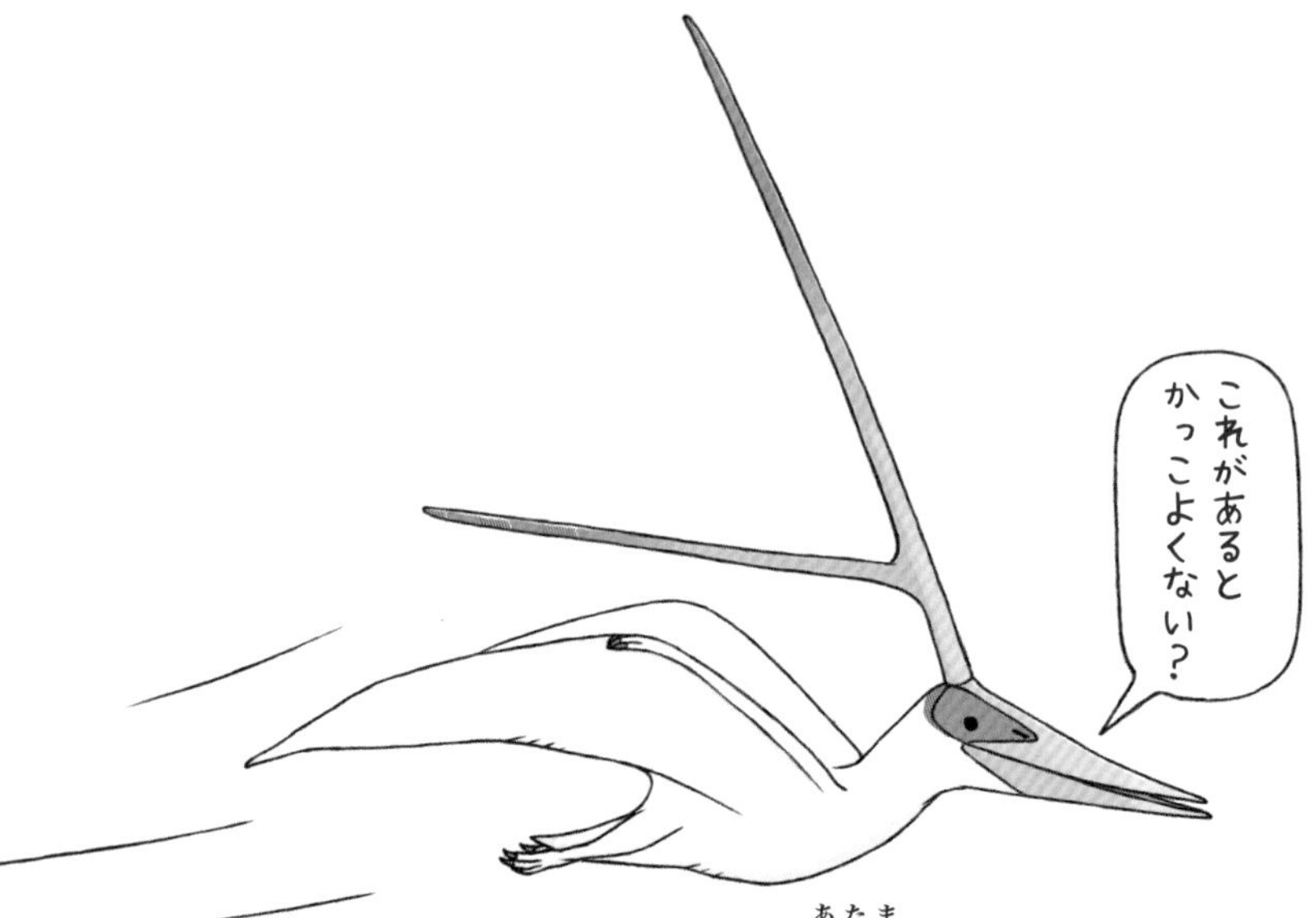

ニクトサウルスの頭は枝が突きささっているようにしか見えない

ざんねん度

ニクトサウルスは、約8000万年前にいた翼竜の一種で、**鳥よりも速く空を飛ぶことに成功した**すごい生き物です。

ただ、化石を見ると、翼よりも頭に注目せざるを得ません。かれらの頭の上には、二股に分かれた長いとさかがついていました。その長さは、**じつに頭の3倍**。とさかは、メスにアピールするためや、体温調節のため、水面で魚をとるときにバランスをとるためなどに使われていたと考えられています。

ただ、**正確な使い道はいまだになぞのままで**、化石を見ても「でっかい枝がささってる」という感想しか出てきません。

プロフィール

は虫類

- **名前**／ニクトサウルス(絶滅種)
- **生息地**／アメリカの海辺など
- **大きさ**／翼を広げた長さ2m
- **とくちょう**／翼に指がないゆいいつの翼竜

A 140ページの答え→ しっぽ

コティロリンクスの頭は小さすぎる

コティロリンクスは、約2億7000万年前にいた単弓類の一種。こんな見た目ですが、**後に単弓類からほ乳類がうまれます。**つまり、わたしたちのおじいちゃんおばあちゃん的存在です。

コティロリンクスは、頭は小さくイグアナのようですが、体は風船のようにでっぷりとしていました。**全長4ｍなのに頭の長さはわずか20㎝。**人間だとなんと20頭身の体形になります。

大きな体は食べ物をたくさんつめこむことができましたが、大きな胸がじゃまをして、**口が地面まで届かなかった**と考えられます。どうやって水を飲んでいたのか、いまだになぞです。

プロフィール

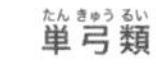
単弓類

■**名前**／コティロリンクス（絶滅種）
■**生息地**／北アメリカの森林や草原など
■**大きさ**／全長4m
■**とくちょう**／体重が500kgあったとされる個体も見つかっている

古代ザメのなかまは頭になぞのかざりがある

せんねん度

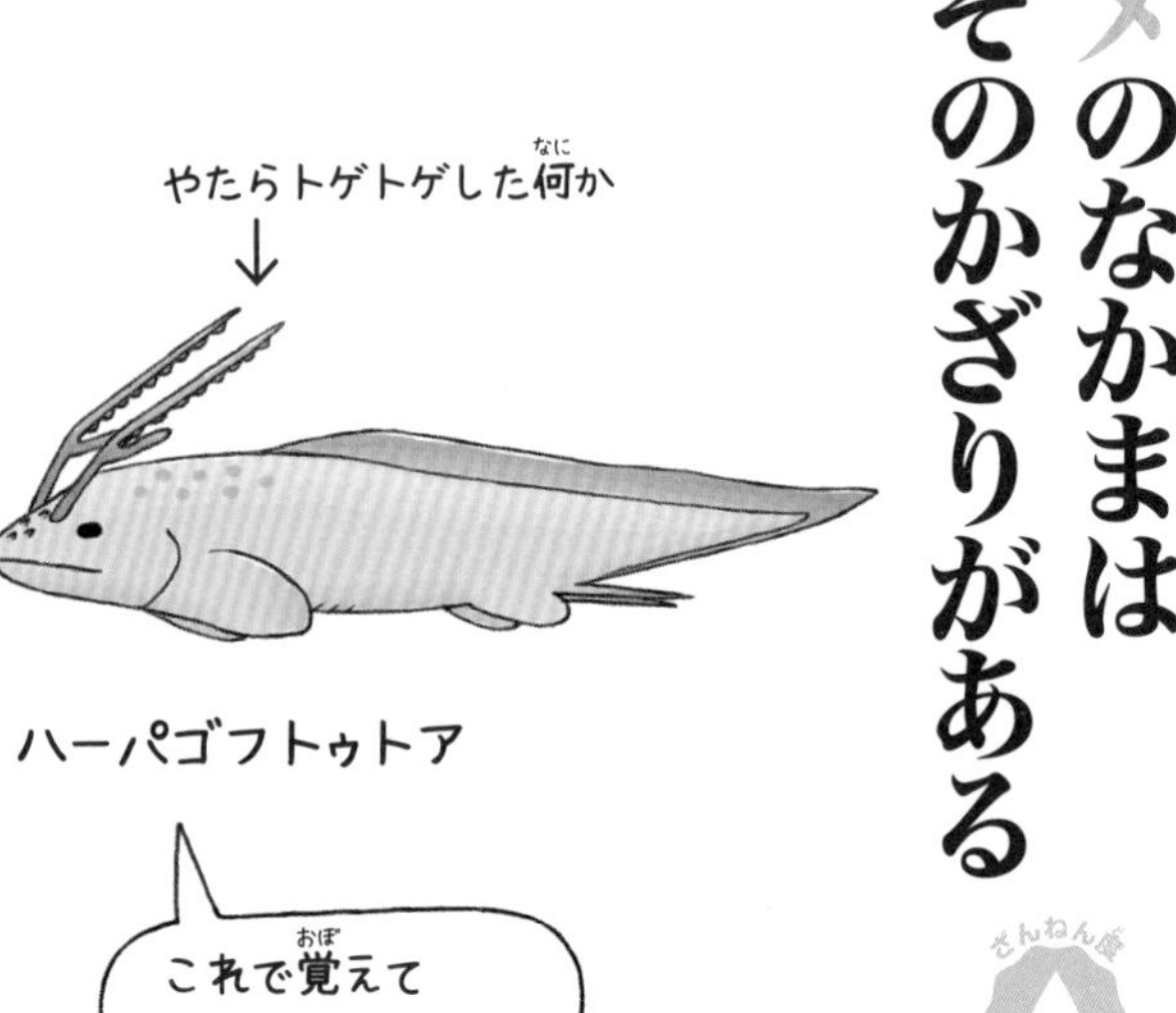

約3億年前の石炭紀は、さまざまなサメが登場した時代です。そして当時のサメたちの間では、「頭に何かのせること」が大流行していました。

たとえばアクモニスティオンは、**頭に巨大なアイロン台**のようなものをのせています。使い道はいまだになぞです。また、ファルカトゥスは**頭からマイクのような突起**が生えています。ユーチューバーのように突撃していたのでしょ

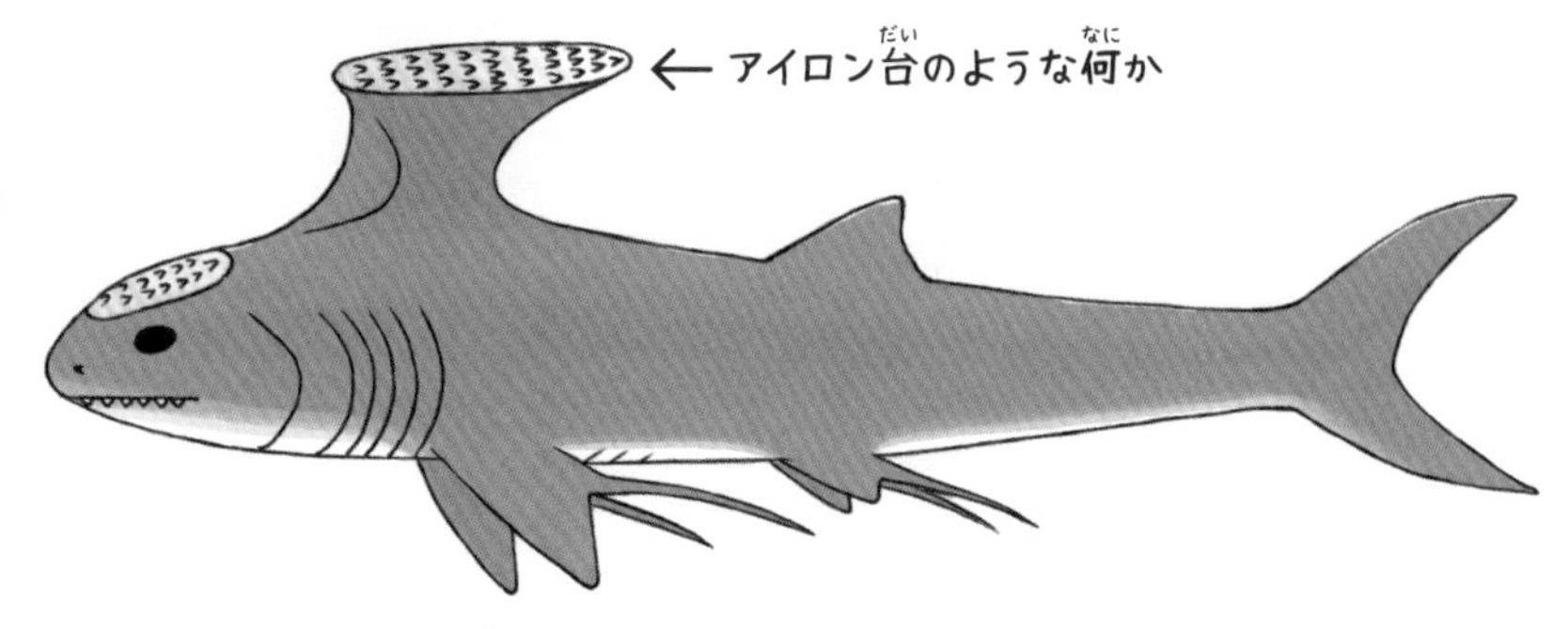

うか。そしてハーパゴフトゥトアは、**やたらトゲトゲした何か**が生えていました。

　こうした頭かざりがあるのは、どれもオスだけ。変なものを生やしたらモテたのでしょうか。

プロフィール

軟骨魚類

- **名前**／アクモニスティオン（絶滅種）
- **生息地**／スコットランドの海
- **大きさ**／全長60㎝
- **とくちょう**／頭かざりがじゃまで速く泳ぐことはできなかったと考えられている

グアンロンは ほかの恐竜の足あとで死ぬ

グアンロンは、約1億5000万年前にいた肉食恐竜です。最強の恐竜として名高い**ティラノサウルスの祖先**と考えられています。ナイフのようにするどい歯と爪で、えものの肉を切り裂いて食べていました。

ただし、グアンロンの体高は約85㎝と、**恐竜にしてはかなり小型**。当時、恐竜の中には全長20mを超えるものもいて、その足あとは深さ1～2mになることもありました。小型なグアンロンは、**泥がたまった巨大な足あとに落ちておぼれ死んでしまう**こともあったのです。ひとつの足あとから複数のグアンロンの化石が見つかることもあります。

プロフィール

は虫類

- **名前**／グアンロン（絶滅種）
- **生息地**／中国北西部の乾燥地帯
- **大きさ**／全長3m
- **とくちょう**／名前は冠をかぶった竜という意味

A 144ページの答え→　ピンクに光る

デイノケイルスの手はおそろしいけど弱い

デイノケイルスは、約7000万年前にいた恐竜です。最初に見つかったのは、**約2・4mもある巨大な腕の化石**。するどい指先と腕の大きさから、「殺る気満々だ」と思われ、**「おそろしい手」を意味するデイノケイルス**と名づけられました。

そのあとは40年ほど化石が見つからず、「なぞの恐竜」としておそれられてきました。しかし2006年に新しい化石が見つかると衝撃の事実が発覚。**顔はダチョウにそっくり**で、巨大な指と腕は植物をかき集めるのに使っていたことがわかったのです。おそろしい手の正体は、**ナイフではなく熊手**なのでした。

プロフィール 

は虫類

■ **名前**／デイノケイルス（絶滅種）
■ **生息地**／モンゴルの森林など
■ **大きさ**／全長11m
■ **とくちょう**／全身が羽毛でおおわれていたと考えられている

ブラキオサウルスはモテを意識しすぎた

世界最大の動物であるシロナガスクジラと同じくらいの大きさの体に、10m近い長～い首がついていたブラキオサウルス。

首が長すぎて前にたおれてしまいそうですが、じつは**首の骨はスカスカ**で意外と軽かったようです。とはいえ筋肉もついていないため、キリンのように**頭を高く持ち上げることもできず**、呼吸や食事にも時間がかかっていたと考えられています。

こんなに不便なのに首が長くなったのは、「**そのほうがメスにモテるから**」というのが理由のようです。オシャレに便利さを求めてはいけないのは、恐竜の時代から変わらないようです。

プロフィール

- **名前**／ブラキオサウルス（絶滅種）
- **生息地**／アメリカ、アフリカの草原など
- **大きさ**／全長25m
- **とくちょう**／後ろ足より前足が長いので、頭が高い位置にある

は虫類

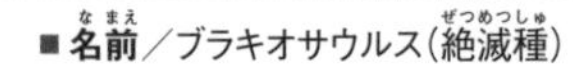

Q シマウマが横になって眠るとどうなる？

→答えは150ページ

プレシオサウルスは海にもぐりすぎて病気になった

プレシオサウルスは「首長竜」とよばれる巨大は虫類です。恐竜がいた時代に、海で魚などを食べていました。

ただし、**魚のように水中で呼吸をすることはできません。**空気を吸うために、**ときどき海面から顔を出す**必要がありました。

このように「魚を追いかけて深くもぐる」「息をするため海面に上がる」という**上下移動をくり返したことで、「潜水病」になる**こともあったようです。

潜水病は、気圧の変化で血液中に空気の泡ができ、めまいやマヒを引き起こす病気。どれだけ体が大きくても、水中で動けなくなったらおしまいです。

プロフィール

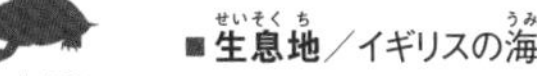

は虫類

- **名前**／プレシオサウルス（絶滅種）
- **生息地**／イギリスの海
- **大きさ**／全長3.5m
- **とくちょう**／首長竜のなかまでは世界で最初に発見された

スミロドンは腰痛に苦しんでいた

スミロドンは、いまから約1万年前まで生きていた大型の肉食獣です。**長さ25㎝もある大きな2本の牙**をもち、ときにはマンモスをおそって食べてしまうこともありました。

いっぽうで、小さくすばしっこい動物はうまくつかまえられませんでした。スミロドンは**筋肉が多く、体が重い**のです。そのため狩りをするときは、身を低くかがめ、えものが近づくまでかくれて待っていたようです。

しかし、この姿勢を長時間続けたために、**多くのスミロドンは肩や腰を痛めていました。**スミロドンも現代人も、働きすぎには注意です。

プロフィール

ほ乳類

■ **名前**／スミロドン(絶滅種)
■ **生息地**／アメリカの草原など
■ **大きさ**／体長2m
■ **とくちょう**／「サーベルタイガー」の名でも知られるネコのなかま

A 148ページの答え→ 胃が破裂して死ぬ

ざんねん度

テラトルニスコンドルはごはんのたびにあごをずらしていた

テラトルニスコンドルは、約1万年前に絶滅したとされる肉食の鳥です。**翼を広げると幅4m、体重は10kg以上**と、現代最大級の鳥であるアンデスコンドルよりも巨大だったと考えられます。この巨体で、ウサギなどをふみつぶしてとらえたようです。

ほかには死体も食べますが、ワシやタカのようにくちばしでえものの肉を引きちぎることは、**あごの構造上できません**でした。

そのため、下あごを後ろ斜め外の方向にずらして、口を8㎝ほど開けて、**えものを丸のみし**ていたと考えられます。

のどが詰まって死ぬことはなかったのでしょうか。

プロフィール

鳥類

■**名前**／テラトルニスコンドル（絶滅種）
■**生息地**／アメリカからメキシコの草原など
■**大きさ**／翼を広げた長さ4m
■**とくちょう**／上昇気流を利用して、空を旋回しえものを探した

テリジノサウルスは自分で卵をあたためられなかった

いまから約7000万年前にいたテリジノサウルスは、共同の巣穴を1つつくり、そこにみんなで卵をうみました。**卵の直径はわずか13㎝**なのに対し、テリジノサウルスの体は全長約10m。自分で卵をあたためたり守ったりしようとすると、ふみつぶしてしまうかもしれません。

いっぽうで、卵を放っておけば、ほかの恐竜や動物にすぐに食べられてしまいます。

そこで**共同の巣に卵をうんでみんなで巣と卵を守る**ようになったと考えられています。

ただ、卵の見た目はみんな同じ。どれが自分の卵か、わからなくなったりしないのでしょうか。

プロフィール

は虫類

■**名前**／テリジノサウルス（絶滅種）
■**生息地**／モンゴルの草原など
■**大きさ**／全長9.5m
■**とくちょう**／巨大なかぎ爪がついた2mもの前足をもっていた

アクチラムスのハサミは役立たず

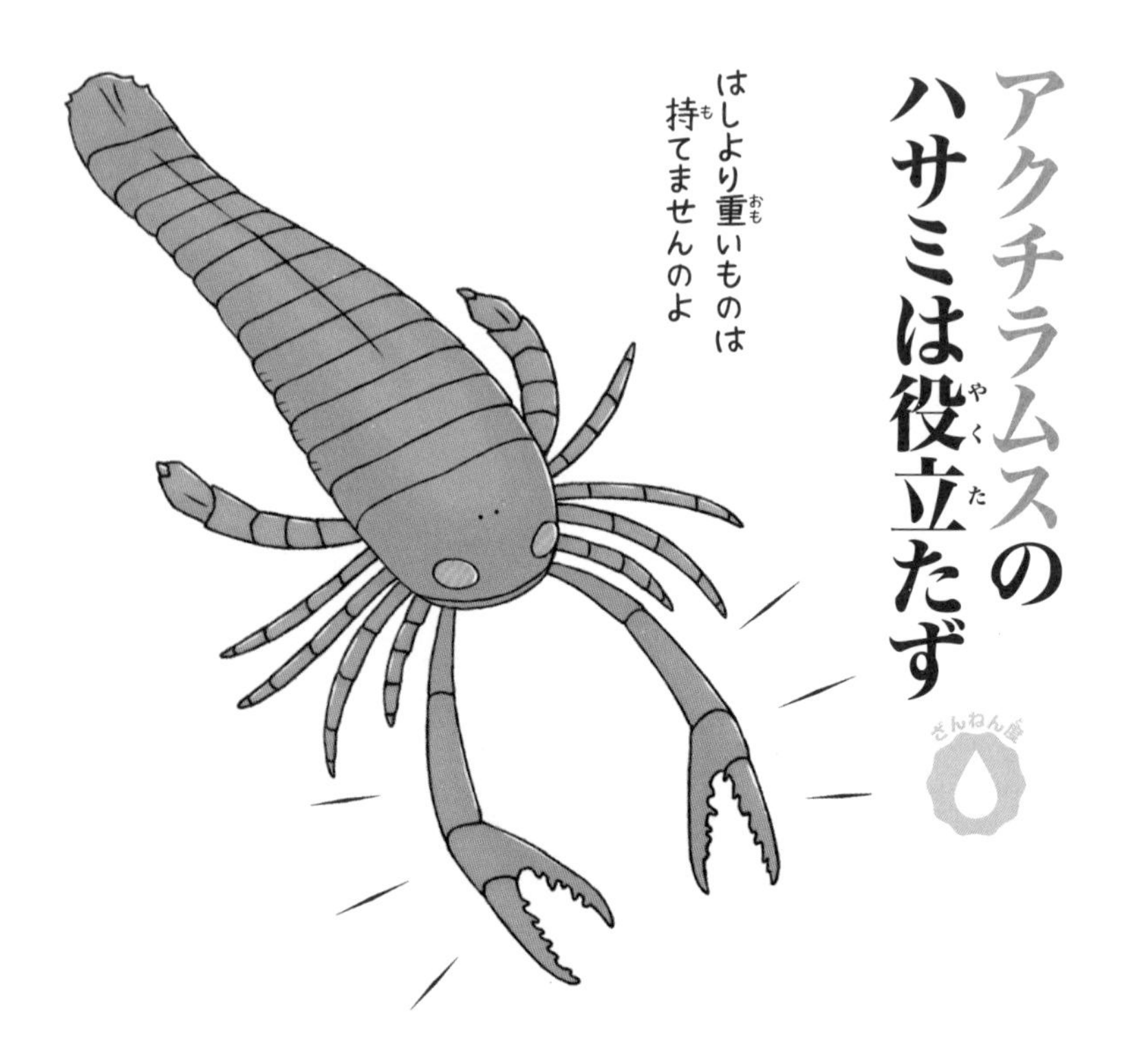

アクチラムスは、いまから約4億前の海でくらしていたサソリのような生き物です。

とくちょうは、全長2mの巨体と大きなハサミ。**ハサミの内側には、ノコギリのようにギザギザした歯**が何本もありました。強そうな見た目から、**別名「海の支配者」**ともよばれます。

ところが最近の研究で、ハサミの力はとても弱かったことがわかりました。つかまえた魚の体を切れないだけでなく、**長い時間はさみ続けることもむずかしい**、クレーンゲームのアームのような攻撃力だったのです。

そのため死んだ魚の死体を小さくちぎって食べていました。

プロフィール

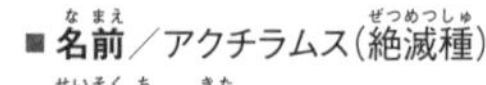

鋏角類

- **名前**／アクチラムス（絶滅種）
- **生息地**／北アメリカ、ヨーロッパなどの海
- **大きさ**／全長2m
- **とくちょう**／サソリやエビのようなハサミをもつウミサソリの一種

A 152ページの答え→ 耳

こわれもの注意

プロトケラトプスの卵はヘニャヘニャ

プロトケラトプスは、7000万年前までいた植物食恐竜です。むれをつくって生活していたため、化石が発見されやすく、**赤ちゃんからおとなまであらゆる世代の化石が残っています。**

ところがなぜか卵の化石だけ発見されていません。赤ちゃんの化石の周りをくわしく調べても、見つかったのは卵の殻があったあとだけ。

このことからプロトケラトプスの卵は、**ヘニャヘニャでやわらかかった**と考えられています。卵の殻をかたくする成分が少なかったため、化石として残りにくいのです。そんな卵でも赤ちゃんを守れたのでしょうか。

プロフィール

は虫類

■名前／プロトケラトプス（絶滅種）
■大きさ／全長2m
■生息地／モンゴルの草原など
■とくちょう／角竜のなかまだが角はない

さくいん

この本に出てきた生き物を、近いなかまごとに紹介します。

脊索動物

脊椎（背骨）や脊索（原始的な背骨）をもつ動物

ほ乳類

親と似た姿の子どもをうみ、乳で育てる。体温が一定で、肺呼吸をする

鳥類

卵からうまれ、翼で空を飛ぶものが多い。体温が一定で、肺呼吸をする

は虫類

卵からうまれる。周りの温度によって体温が変化し、肺呼吸をする

両生類

卵からうまれる。周りの温度によって体温が変化する。子どものときは水中でえら呼吸、おとなになると肺呼吸に変わる

硬骨魚類

多くが卵からうまれ、水中で生活し、ヒレを使って泳ぐ。周りの温度によって体温が変化する

軟骨魚類

卵からうまれるものと、親と似た姿の子どもをうむものがいる。水中で生活し、ヒレを使って泳ぐ。骨がやわらかい

無がく類

あごをもたず、口は吸盤になっている。体はウナギ形で、骨がやわらかい

単弓類

卵からうまれ、4本の足をもっていた。両生類からわかれ哺乳類へつながるグループ

無脊索動物

脊椎（背骨）や脊索（原始的な背骨）をもたない、脊索動物以外の動物

昆虫類（六脚類）

体は頭、胸、腹にわかれている。多くは触角と羽をもつ。足は3対6本

甲殻類

体がかたい殻でおおわれている。おもに水中で生活し、えら呼吸をする

鋏角類

口元に鋏角という、ハサミのような器官がある。足はおもに4対8本

恐蟹類

体が13以上の節にわかれた原始的な節足動物。それぞれにヒレがあり、口には1～2本の腕があった

頭足類

イカ・タコのなかま。体は頭、胴、腕にわかれ、頭から腕が生えている

腹足類

巻貝のなかま。体はやわらかく、多くはねじれた貝殻をもつ

花虫類

ふつうの交尾のほか、分裂でもふえることができる。海にすんでいる

植物

植物

水と二酸化炭素、太陽の光によってエネルギーをつくる

監修者

今泉忠明　いまいずみ ただあき

1944年東京都生まれ。東京水産大学(現 東京海洋大学)卒業。国立科学博物館で哺乳類の分類学・生態学を学ぶ。文部省(現 文部科学省)の国際生物学事業計画(IBP)調査、環境庁(現 環境省)のイリオモテヤマネコの生態調査などに参加する。トウホクノウサギやニホンカワウソの生態、富士山の動物相、トガリネズミをはじめとする小型哺乳類の生態、行動などを調査している。上野動物園の動物解説員を経て、「ねこの博物館」(静岡県伊東市)館長。その著書は多数。

※「ざんねんないきもの」は、株式会社高橋書店の登録商標です。

おもしろい！進化のふしぎ

まだまだざんねんないきもの事典

監修者　今泉忠明
発行者　高橋秀雄
編集者　丸山瑛野
発行所　**株式会社 高橋書店**
〒170-6014 東京都豊島区東池袋3-1-1 サンシャイン60 14階
電話　03-5957-7103

ISBN978-4-471-10459-7

本書の内容についてのご質問は「書名、質問事項(ページ、内容)、お客様のご連絡先」を明記のうえ、郵送、FAX、ホームページお問い合わせフォームから小社へお送りください。
回答にはお時間をいただく場合がございます。また、電話によるお問い合わせ、本書の内容を超えたご質問にはお答えできませんので、ご了承ください。
本書に関する正誤等の情報は、小社ホームページもご参照ください。

【内容についての問い合わせ先】

書　面　〒170-6014 東京都豊島区東池袋3-1-1 サンシャイン60 14階
高橋書店編集部
F A X　03-5957-7079
メール　小社ホームページお問い合わせフォームから　(https://www.takahashishoten.co.jp/)

【不良品についての問い合わせ先】

ページの順序間違い・抜けなど物理的欠陥がございましたら、電話03-5957-7076へお問い合わせください。ただし、古書店等で購入・入手された商品の交換には一切応じられません。